きちんと知りたい！

自動車メンテとチューニングの実用知識

187点の図とイラストで整備・調整・交換の「なぜ？」がわかる！

飯嶋洋治 [著]

日刊工業新聞社

はじめに

　一般的に購入できる工業製品でもっとも複雑とも言われるのが自動車です。鉄、アルミニウムといった鉱物や金属、プラスチック、ゴム、化学繊維などを利用して、エンジンや補器類、ボディ、ガラス、駆動系、サスペンション、内装といったものを作り上げているわけです。それを動かすためには、内燃機関の場合、原油から燃料を精製することが必要ですし、性能を保持するためにも各部のオイルや冷却水などが必要となってきますから複雑さはさらに増します。

　そのすべてについて一冊の本にまとめるというのは無理と承知しながら、本書では自動車の基本的な構造を踏まえ、メンテナンスや正しいチューニングの知識についてできるだけわかりやすく、実用面でも役に立つように心掛けて書くことに努めました。

◎自動車はオーナーの愛情と正しい知識で良い状態を保てる

　普段はあたりまえのように自動車に乗り込み、エンジンを始動し、特にATであればアクセルを踏むだけで加速しますし、必要に応じてブレーキを踏めば減速し、ハンドルを左右に切れば切ったとおり曲がっていく……というのは考えてみればすごいことです。しかも昼夜はもちろん季節、天候を問わず使用できてあたりまえという要求を満たさなければなりません。これらは自動車メーカーや周辺のサプライヤーの高度な生産技術があってはじめて実現できることです。

　しかし、自動車は、メーカー任せでただ「乗るだけ」ではなくて、オーナー自らが「愛情をかけてメンテナンスする」ことで、良い状態を保てる製品でもあります。

　たとえばボンネットを開けて、オイルレベルゲージでオイルの状態をチェックすれば、少なくとも交換時期を知る目安になります。自分でやるか、プロに任せるかの違いはあるにせよ、適切な時期にオイル交換をすれば、エンジンを良い状態に保つことができるわけです。ついでに、リザーブタンクの冷却水の量やブレーキフルードの量などを見れば、思わぬトラブルの予兆を早期に発見することもあるかもしれません。人間の体と同じですが、早期発見は致命的な

トラブルを防げる可能性が高くなります。
　さらに一歩進んで、より自動車の性能を上げるチューニングという手法もあります。あくまでもしっかりメンテナンスしてあるという前提が必要ですが、エンジンの吸排気系（エアクリーナー・マフラー等）を適切にチューニングすることによって、動力性能を上げられる可能性もあります。

◎自動車の構造を踏まえた正しいチューニングで性能がアップする

　サスペンション系、ブレーキ系などは安全性にも直接結びつくところですが、やはり適切なチューニングによって、安全性を高めることができます。サーキット走行などをするスポーツ派は、それに適したチューニングを施すことによって、楽しく速く走ることも可能になります。
　本書では、メンテナンス、チューニングについて解説をしていますが、具体的な作業手順などはあえて記載していません。そういう参考にするべき本や動画はすでに存在していることもありますが、本書はそれよりも、「どうしてそうするのか？」「そうすることによってどうなるのか？」という部分に力を入れて書くようにしました。
　特にチューニングとなると個人がやる場合には危険がともなうこともありますし、重要保安部品として、プロに任せたほうがいい部分もあります。ただ、自分でやるにせよ、プロに任せるにせよ、構造、メリット、デメリットを知るということは「実用」として役に立つのはもちろん、知れば知るほど楽しいという部分でもあります。
　私自身、自動車好きでいろいろ自分の自動車を整備したり、ちょっとしたチューニングをすることは好きですが、専門的な勉強をしたわけではありません。多くは体験的に、あるいは取材を通して見聞きして知ったものです。そういう面では自動車工学的に誤った記述もあるかもしれません。その際には、読者諸賢のご寛容を乞うとともに、ご指摘いただければ幸いです。

　　　　　　　　　　　　　　　　　　　　2016年10月吉日　飯嶋 洋治

きちんと知りたい！自動車メンテとチューニングの実用知識
CONTENTS

はじめに 001

第1章
エンジン・燃料系と吸排気系

1. 燃料系

1-1	レギュラーガソリンとハイオクガソリンの違い	012
1-2	ガソリンの量と走行性能の関係	014

2. 吸排気系

2-1	スロットルバルブのメンテナンス	016
2-2	エアクリーナーのメンテナンスと交換	018
2-3	マフラーのメンテナンスと交換	020
2-4	エキゾーストマニホールドのメンテナンスと交換	022
2-5	エンジンに良い使い方、悪い使い方	024

COLUMN 1　サーキットを走るとエンジンの調子が良くなる? 026

第2章
エンジン・潤滑系と冷却系

1. 潤滑系

1-1	エンジンオイルの基礎知識	028
1-2	目視でできるオイルのチェック方法	030
1-3	ドレンボルト、オイルフィルター、フィラーキャップの緩み	032
1-4	オイル漏れとその対策	034
1-5	エンジンオイルの交換時期	036
1-6	超低粘度オイルの有効性	038

2. 冷却系

2-1	エンジンを守る冷却装置の働き	040
2-2	LLCと冷却水の見方	042
2-3	ラジエター、ラジエターキャップ・ホースのチェック	044
2-4	オーバーヒートの対処法	046
2-5	オーバーヒート以外で冷却水が減る場合	048
COLUMN 2	ラジエターキャップの劣化で冷却水が減った	050

第3章
ハイブリッドエンジンとターボエンジン

1. ハイブリッドエンジン

- **1-1** ハイブリッド車の構造とメンテナンス ……… 052
- **1-2** ハイブリッド車の渋滞での燃費 ……… 054

2. ターボエンジン

- **2-1** ターボ車の構造とメンテナンス ……… 056
- **2-2** ターボ車のアフターアイドルとオイル管理 ……… 058
- **2-3** ターボ車のチューニング ……… 060

COLUMN **3** 炎天下でも有効？ アイドリングストップの効用 ……… 062

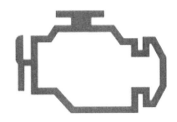

第4章
駆動系・クラッチとトランスミッション

1. クラッチ

- 1-1　クラッチ関係のメンテナンス ……………………………………………… 064
- 1-2　クラッチマスターシリンダー、レリーズシリンダーのチェック … 066
- 1-3　クラッチのチューニング ……………………………………………………… 068

2. トランスミッション

- 2-1　トルクコンバーターの構造と特徴 ………………………………………… 070
- 2-2　ATの副変速機の構造 ………………………………………………………… 072
- 2-3　CVTの構造と特徴 …………………………………………………………… 074
- 2-4　ATのスポーツ走行とメンテナンス、チューニング ………………… 076
- 2-5　MTの構造と特徴 ……………………………………………………………… 078
- 2-6　MTのチューニング …………………………………………………………… 080

3. デフとLSD

- 3-1　デファレンシャルギヤの役割 ……………………………………………… 082
- 3-2　LSDの種類と構造 ……………………………………………………………… 084
- 3-3　LSDのメンテナンス …………………………………………………………… 086

COLUMN 4　クラッチレリーズシリンダーからのフルード漏れで立ち往生
……………………………………………………………………………………………… 088

第5章
操縦系・ステアリングとサスペンション

1. ステアリング

1-1	ステアリング機構の種類と構造	090
1-2	油圧&電動パワーステアリングの構造	092
1-3	ステアリング系のメンテナンスと良くない使い方	094

2. サスペンション

2-1	サスペンション機構の種類と構造	096
2-2	ダブルウイッシュボーン式及びマルチリンク式	098
2-3	ストラット（マクファーソンストラット）式	100
2-4	その他の独立懸架式サスペンション	102
2-5	車軸懸架式（リジッド式）サスペンション	104
2-6	主なスプリングの種類と役割	106
2-7	その他のスプリング	108
2-8	スプリングのチューニング	110
2-9	ショックアブソーバーの構造	112
2-10	ショックアブソーバーの交換	114
2-11	ブッシュの役割とメンテナンス	116

COLUMN 5　ショックアブソーバーが抜けるとどうなる?　118

第6章
足回り系・ブレーキとタイヤ／ホイール

1. ブレーキ

1-1	ブレーキの構造と種類	120
1-2	ブレーキのメンテナンスとチューニング	122
1-3	ブレーキフルードのチェック、フルード交換とエア抜き	124
1-4	ベーパーロックとフェード現象	126

2. タイヤ／ホイール

2-1	タイヤの種類と構造	128
2-2	ホイールの種類と構造	130
2-3	重いタイヤとホイールが乗り心地に影響する理由	132
2-4	インチアップした場合の空気圧	134
2-5	タイヤの性能と寿命	136
2-6	タイヤの保管方法	138

COLUMN 6　ブレーキブースターを外したレーシングカーに乗る！　140

第7章
電装系・エンジンの電気系、チェックランプ系、灯火類

1. エンジンの電気系

1-1	バッテリーの構造とチェックの仕方	142
1-2	バッテリーの交換（サイズの見方）	144
1-3	バッテリー上がりを起こした場合の対処法	146
1-4	補機類のベルトのチェック	148
1-5	ECUのプログラム	150
1-6	ECU各部センサーの位置と役割	152
1-7	プラグのメンテナンスと交換	154
1-8	プラグコードのメンテナンスと交換	156

2. チェックランプ系

2-1	エンジンチェックランプの意味	158
2-2	オイルチェックランプの意味	160
2-3	排気温チェックランプの意味	162
2-4	ブレーキチェックランプの意味	164
2-5	チャージランプの意味	166

3. 灯火類

3-1	ランプの変遷と特徴	168

| 3-2 | ヘッドランプのチェック、バルブ切れの対策 | 170 |
| 3-3 | 灯火類のチューニング | 172 |

COLUMN 7　オルタネーターのVベルトが高速道路で切れた　174

第8章
空力系・空気抵抗と空力性能

1. 空気抵抗と燃費

| 1-1 | クルマにとっての空力性能の重要性 | 176 |
| 1-2 | 現代に求められる燃費のための空力性能 | 178 |

2. 空力パーツによるチューニング

| 2-1 | 走行性向上のための空力系のチューニング | 180 |

COLUMN 8　ダウンフォースを得るためのウイングカーの話　182

おわりに　183
索　引　184
参考文献　190

第1章
エンジン・燃料系と吸排気系

Fuel system and
intake & exhaust systems

1. 燃料系

レギュラーガソリンとハイオクガソリンの違い

ガソリンにはレギュラーガソリンとハイオクガソリン（無鉛プレミアムガソリン）があります。ハイオク仕様エンジンにはハイオクガソリンを入れなければなりませんが、これには理由があります。

　原油はそのままではクルマの燃料として使えません。一般的な石油精製行程では、原油蒸留装置（常圧蒸留装置）に送られ、そのときの沸点の差で石油ガス留分、ナフサ留分、灯油留分、軽油留分、常圧残渣に分けられます。そのうちのナフサ留分が水素化精製装置で硫黄分を除去され、軽質ナフサと重質ナフサに分けられます。軽質ナフサは、ガソリンの基材や石油化学用の原料となり、重質ナフサは接触改質装置を経て高オクタン価のガソリン基材となります（上図）。

▌原油が蒸留や精製を経ることでレギュラーガソリン、ハイオクガソリンとなる

　このガソリン基材は、接触分解装置、アルキレーション装置、異性化装置などからも精製されます。このようにしてできたガソリン基材が調合されることによって**レギュラーガソリン**と**ハイオクガソリン**ができ上がります。

　一般に高性能エンジンは圧縮比を高くし、点火時期も早められる方向となりますが、熱効率が上がる反面、圧縮の過程で完全に混合気を圧縮する前に燃焼室ではないところで**異常燃焼（ノッキング）**が起こりやすくなります（下左図）。これはアクセルを踏み込み、エンジンに高負荷をかけたときに、エンジン内部で「キンキン」「カリカリ」という異音がすることで気がつきます。

▌ハイオクは自然発火しにくいために高圧縮でもノッキングを起こしにくい

　そこでハイオクガソリンが有効になります。オクタン価が高いとノッキングが起こりにくいのです。言い換えれば、ハイオクガソリンは自然発火しにくいのです。そのため高圧縮比エンジンに適しています。そう考えると、レギュラー仕様のエンジンにハイオクガソリンを入れることにメリットはありません。また、ハイオク仕様のエンジンにレギュラーガソリンを入れても動かないわけではありませんが、ノッキングの危険性があることを認識しておきましょう。

　近年、高圧縮でもレギュラーガソリン仕様のエンジンが登場しました。これは、ピストン形状の工夫や**筒内直噴エンジン（マルチホールインジェクター※）**が増えて、ガソリンによる冷却が行なわれるようになったことに一因があります。直噴は、高温のピストンに向けて燃料を噴射するので、燃焼室内の冷却効果があります（下右図）。これで高圧縮でもノッキングが起こりにくくなっているわけです。

※　マルチホールインジェクター：燃料噴射口を小さく、多くすることによって霧化を促進できるインジェクター

第1章 エンジン・燃料系と吸排気系

🔧 石油精製工程図

原油はそのままで燃料とすることはできない。蒸留や精製を経て、最後にガソリン基材が調合装置にかけられることで、レギュラー、ハイオクガソリンがつくり出される。

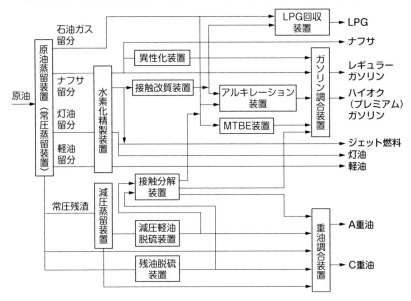

🔧 ノッキングの発生

高性能をねらったエンジンは高圧縮とする場合が多い。レギュラーガソリンだとノッキングを起こすが、自然発火しづらいハイオクガソリンならばノッキングを防げる。筒内直噴エンジンでは、吸気ポートでなくピストンに向けて燃料を噴射するため冷却効果が働く。

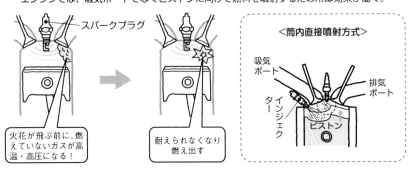

POINT
- ◎ガソリンエンジンにはレギュラー仕様とハイオク仕様がある
- ◎高性能エンジンは一般的に高圧縮比となり、ノッキングを起こしやすい
- ◎ハイオクガソリンは自然発火しにくいので、ノッキングが起きにくい

1-2 ガソリンの量と走行性能の関係

クルマのオーナーの中には、「満タンにすると重くなって燃費が悪くなる」などの理由で、半分くらいまでしかガソリンを入れない人もいるようですが、それにはメリットとデメリットがあります。

　ガソリンの量と走行性能はどのように関係しているのでしょうか？　ガソリンが満タンの状態では車両重量が重くなっていますから、それだけエンジンに負担がかかり、加速性能や燃費に悪い影響が出るということが考えられます。
　短距離の自動車レースなどでは、基本的に必要以上のガソリンは入れませんし、小型タンク（安全タンク）を使用することもあります。ただし、これはあくまでも競技を前提とした話で、一般道を走る自動車に当てはめることはできません。

▌ガソリンが常に空っぽの状態ではデメリットも考えられる

　燃料系の構造について考えてみると、常にガソリンが空っぽに近い状態では**燃料ポンプ**に負担がかかり、寿命を早く終わらせる原因となる可能性があります。
　ガソリンは燃料ポンプに使用されるモーターの冷却に使用されていたり、ガソリンの油分が潤滑に用いられているからです（上図）。**燃料タンク**が空に近いままで長い間クルマを動かさない、あるいは満タンにしないで走行していると、スチール製の燃料タンクの場合にはサビが発生する原因にもなります。

▌ガソリンは満タンのほうが何かと安心なのは事実

　ガソリンは、自動車の動力に使われるほど急速な燃焼を起こす液体です。クルマに長い間乗らないときには、「爆発する危険性があるからタンク内のガソリン量は少ないほうがいいのではないか」と考える人もいるようですが、満タンの状態でクルマのガソリンタンクが爆発することはまずありません。
　ガソリンは引火性が強く、火気があればいきなり爆発するようなイメージがありますが、液体のままでは、燃え上がってもエンジン内部のように爆発に近い燃焼を起こすことはないのです。液体のままのガソリンはタンクの中では酸素不足の状態にあり、**理論空燃比**（中図）に対してガソリンの量が多すぎるといえます。そういう面では、ガソリンが少量のほうが危険だということはいえるでしょう。
　なんらかの原因でタンクに着火した場合には、爆発が起きる可能性がないとはいえません。いちばん重要なのは、できれば満タンに近い状態で走っているほうが、ガス欠の心配がなくて安心だという精神衛生的な部分でしょう。特に冬の降雪地帯ではガソリンスタンド自体が少なく、ガス欠は命に関わる問題となります（下図）。

燃料(フューエル)ポンプ(左)と燃料タンク

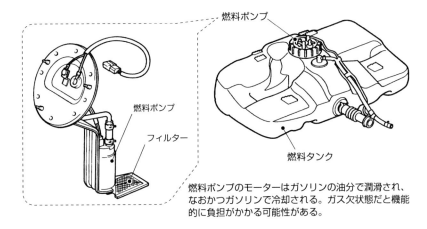

燃料ポンプのモーターはガソリンの油分で潤滑され、なおかつガソリンで冷却される。ガス欠状態だと機能的に負担がかかる可能性がある。

理論空燃比

燃料質量1に対して空気質量が14.7のときを理論空燃比といい、完全燃焼できる割合とされている。液体のガソリンは表面しか空気に触れておらず、急速燃焼するには空燃比が薄すぎる状態にある。また、ガソリン満タンでは空気自体が少ないために、その場での燃焼には適さない。

降雪路でのガス欠は生命の危険をともなう

降雪地帯では満タンが原則。もしガス欠を起こしてしまったら、動けないのと同時にヒーターなども使えなくなる。ガソリンスタンドが少ない地域では特に要注意。

POINT
- ◎ガソリン少量で走行を続けると、燃料ポンプなどに負担がかかる場合がある
- ◎液体のガソリンが、燃焼室内のような爆発的燃焼を起こす可能性は少ない
- ◎降雪地帯などのガス欠は、最悪の場合は凍死などの恐れがあり非常に怖い

2. 吸排気系

2-1 スロットルバルブのメンテナンス

スロットルバルブはアクセルペダルと連動して、エンジン内に取り入れる空気の量をコントロールする装置ですが、汚れが蓄積する部分でもあるため、メンテナンスの必要があります。

スロットルバルブは基本的にはアクセルペダルによって開閉を調整され、燃焼室に空気を取り入れます。通った空気の量を計測するエアフローメーターによってガソリンの噴射量が決められるため、**燃調**（燃料調整※）の要となる重要な部分でもあります。スロットルバルブはケーブル（アクセルケーブル）で機械的に操作されるものと、電気式にスイッチで操作されるもの（**スロットルバイワイヤー**）がありますが、前者ではアクセルケーブルのメンテナンスも必要になります（上図）。

■スロットルボディ、バルブにはブローバイガスでカーボンが付着する

スロットルバルブにはエンジンから排出した**ブローバイガス**が回ってきます（下左図）。これはHC（炭化水素）が主な成分で、そのために循環系路周辺に**カーボン**が付着します。

電子制御式のスロットルバルブの場合、汚れてもコンピューターが自動学習してしまうので、調子の変化に気づかず「こんなもんだろう」と思って放っておいてしまいがちになり、知らず知らずのうちにドライバビリティが悪くなっていたということになります。また、カーボンによってアイドリング不調などということも起こる可能性があります。

ここを清掃するには、市販のケミカル剤を使用するのが一般的です。スロットルボディを取り外して行なえばより完璧になりますが、手間もかかりますし、ある程度の知識、技術も必要になりますから、取り付けたままやるか、プロに任せたほうがいいでしょう。上図①のように、機械式にケーブルでスロットルバルブの開口部を開け閉めしている場合には、ケーブルのメンテナンスや保護も必要になります。これも市販のケミカル材などを塗布する方法となります。

■エアフローメーターも清掃することで性能が回復する場合がある

現在のエアフローメーターはホットワイヤー式と呼ばれるものがメインですが、ここもカーボンで汚れる部分です。ホットワイヤーは熱線風速計の原理を応用したもので、流速と流量を計測しています。ここが汚れると、適性な燃料噴射が行なわれない可能性が出てきます。これ自体も専用のクリーナーがありますので、洗浄することが可能です（下右図）。

※ 燃調（燃料調整）：吸入空気に対して燃料の噴射量を適量に調整すること

ケーブル式と電子制御式（スロットルバイワイヤー）

左はケーブルで機械式にスロットルバルブを動かす。この場合、ケーブルのメンテナンスが必要になる。右のスロットルバイワイヤーは事実上メンテナンスできることはない。

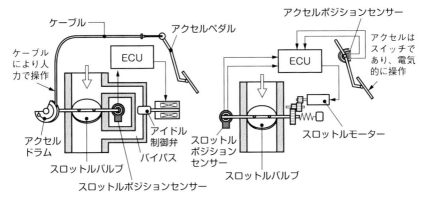

①ケーブル式スロットル　　②電子制御式スロットル（スロットルバイワイヤー）

スロットルボディの汚れ

外気からの汚れはある程度エアクリーナーで浄化されるが、多量のHCを含むブローバイガスが循環するため、スロットルボディ内部が経年とともに汚れてくるのは避けられない。

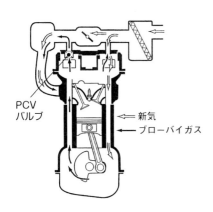

エアフローメーター

エアフローメーターも長期で見れば汚れる部分。一般的なパーツクリーナーでの清掃も可能だが、精密な部品ということを考えると専用のクリーナーを使用したいところ。

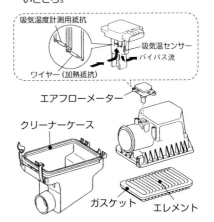

POINT
- ◎スロットルボディはブローバイガスで汚れる部分
- ◎ケーブルを使用しているスロットルは、そのメンテナンスも必要
- ◎エンジンの調子を左右するエアフローメーターも清掃可能な部分

エアクリーナーのメンテナンスと交換

エアクリーナーはエンジンに空気を取り入れる際の入り口で、ホコリやゴミなどの余計なものを取り除くために必要ですが、交換で吸気効率を高めることにもつながります。

空気をたくさんシリンダー内に送り込むことは"良い燃焼"の基本となります。空気の充填効率が高まれば、混合気の圧縮も強くなりますし、タイミング良く点火すれば、強力なパワーの源となります。

◼ エンジン内が傷むことを無視すれば、エアクリーナーはなくてもいい

ところで、**エアクリーナー**（上図）を単なる空気の取り入れ口だと考えれば邪魔ものとなります。なぜなら、吸気抵抗となるからです。現にレーシングカー（フォーミュラカーなど）ではエアクリーナーを取り去り、エアファンネルというラッパ状のパーツに変えてしまうこともあります。

ただしこれはホコリなども直接吸い込んでしまいますから、エンジン内に傷がつく可能性があります。レースでは、1レースでエンジンオーバーホールということもあるため、こういうパーツの交換が可能という面もあるのです。

一般的には、エアクリーナーは定期交換が必要なパーツとなります。使用環境によりますが、最低でも車検ごとに交換するのがいいでしょう。また、乾式のエアクリーナーであればある程度清掃することも可能です。さらに吸気効率を上げたい場合には、**スポーツエアクリーナー**があります。これは純正形状で、エアクリーナーごと交換するだけである程度は吸気効率が上がります。本格的に吸気効率を上げようと思えば、キノコ型などをしたエアクリーナーに交換する手段があります。

◼ キノコ型エアクリーナーは吸気効率は高いが取り付けに工夫が必要

これはエアクリーナーケースがなくなり、エンジンルーム内にむき出しになってしまいます。エンジンルームの熱を吸うと、かえって空気の密度が薄くなってしまいますから、それを防ぐためにバルクヘッドを設けるなどの工夫が必要になってきます（下図）。

また、吸気が大幅に増えると燃料噴射との関係が出てきます。増えた吸気にECU（エレクトロニック・コントロール・ユニット）が対応すればいいのですが、そうでないと燃調が狂ってしまいます。対策としてはECUのロムチューニング※などが必要になってくる場合がありますから、闇雲にエアクリーナーを高効率にするのには熟考が必要です。

※ ECUのロムチューニング：ECU内のプログラムを吸気量の増加などに応じて書き換えること

第1章 エンジン・燃料系と吸排気系

エアクリーナー

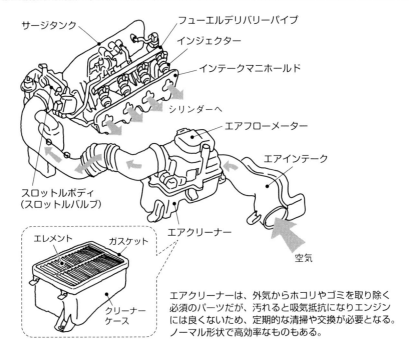

エアクリーナーは、外気からホコリやゴミを取り除く必須のパーツだが、汚れると吸気抵抗になりエンジンには良くないため、定期的な清掃や交換が必要となる。ノーマル形状で高効率なものもある。

キノコ型エアクリーナー

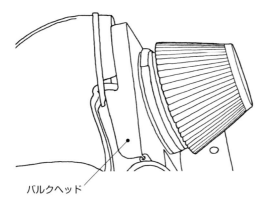

キノコ型エアクリーナーは、吸気抵抗を減らすという意味では効果的なパーツ。ただし、一般的に高価でまめなメンテナンスを必要とする。装着にもバルクヘッドを設けるなど、エンジンルーム内の熱を吸わない工夫が必要となる。

- ◎エアクリーナーは定期的な清掃や交換が必要なパーツ
- ◎簡単なチューニングとしては、純正形状の高効率なものと交換する方法がある
- ◎キノコ型は吸気効率は高くなるが、装着法などに工夫が必要

マフラーのメンテナンスと交換

エアクリーナーが空気の入口であれば、マフラーは出口となります。"良い排気"ができなければ"良い吸気"もできませんので、この部分のメンテナンスと交換(チューニング)は大切です。

マフラーは重要パーツですが、じつは特別なメンテナンス法はないといえます。1つ問題になるのは**排気漏れ**です。経年劣化でマフラーに穴が空くことがありますが、これは排気ガス中の一酸化炭素が排気口に至る前に排出されてしまうということであり、もし室内に入ってきたりすると、一酸化炭素中毒ということもありますので大変危険です(上図)。

■純正マフラーでも排気漏れでは車検に通らない

もちろん、こうなると車検にも通りません。排気漏れをした車両は排気音量も大きくなるので、これも車検不合格の原因となります。排気漏れは軽微なものならば専用のガンガムパテで埋めることが可能ですが、修復不能な場合は、マフラーごと交換する必要があります。

マフラー交換は、比較的手軽なチューニングとしてよく行なわれます。**スポーツマフラー**といったものが車種別にたくさん市販されています(中図)。排気口の太さや音色といった「かっこよさ」を求めて行なわれることもありますが、基本的には排気効率のアップを目指したいものです。マフラーを交換する際には、車検対応のスポーティなものを装着するのが良いでしょう。

■触媒は不可欠だが吸気抵抗となるため、スポーツ触媒も選択肢になる

マフラーとともに市販車に欠かせないものが触媒です。**三元触媒**は排気ガスを酸化・還元して浄化するものですから、市販車には絶対必要なパーツですが、じつは排気効率を考えると邪魔者？　となってしまいます(下図)。

積極的に勧めるものではありませんが、これも**スポーツ触媒**といって、触媒の機能を持たせながら排気抵抗を減らしたパーツも市販されています。また、本格的に排気効率のアップを目指すには、排気干渉をしないようにしたエキゾーストマニホールド(通称：**タコ足**)への交換がありますが、これは次項で解説します。

忘れてはいけないのがマフラーの音量です。車検には音量規制があり、総重量1.7t以下では97dB(デシベル)以下でないと車検に通りません。この値を越えると車検に通らないのはもちろん、周囲には騒音となり非常に迷惑です。一般走行中心ならば、できるだけ静かなものが好ましいでしょう。

第1章 エンジン・燃料系と吸排気系

✿ マフラーの構造

吸気系のチューニングとセットで考えたいのがマフラーだが、まずは消音効果が優先される。メンテナンスとしては酸化による排気漏れなどをチェックする。

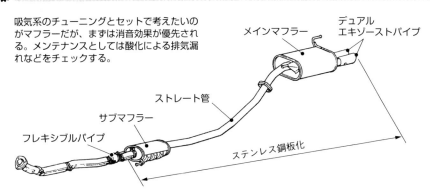

✿ スポーツマフラー

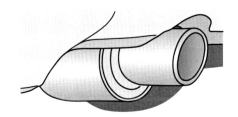

スポーツマフラーは見た目だけではなく、排気効率の良さが求められる。JASMA（日本自動車スポーツマフラー協会）規格などの保安基準適合品なら、音量的にも車検をクリアできるレベルとなっている。

✿ 触　媒

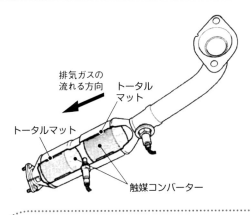

三元触媒も、排気ガス浄化には必須の装置だが、排気効率だけを考えるならば"抵抗"となる。性能アップのためには、スポーツ触媒（キャタライザー）への変更という手段もある。

POINT
- ◎マフラーは、排気効率とともに騒音規制などに適合していることが必要
- ◎保安基準に適合したスポーツマフラーなら、車検にパスして効率アップできる
- ◎三元触媒も外すことはできないが、スポーツ触媒への変更は可能

エキゾーストマニホールドのメンテナンスと交換

排気ポートから排出された燃焼ガスは、エキゾーストマニホールドに導かれます。エンジンからの排気を直接受けるエキゾーストマニホールドには、いろいろな工夫がされています。

　エキゾーストマニホールドは、エンジン性能のけっこう大きな部分を担っています。エンジンは点火の順番が決まっているため、当然排気の順番も決まっています。タイミングによってそれぞれの排気が干渉すると、排気効率が悪くなりますから、その干渉を避ける役割がこのパーツに課されているのです。

◼ エキゾーストマニホールドで排気干渉を避ける

　たとえば4気筒エンジンで、1→2→4→3の順番で点火されるとします。1番から排気されて次に2番が排気されますから、タイミングが近すぎて干渉し合い、排気が妨げられることがあります。それは4番と3番でも同じ関係です。それを避けるために1番と4番、2番と3番のようにタイミングの離れたものを、一旦2つにまとめた後に1本の排気管にまとめるということが市販車でも行なわれます（上図）。

　排気は上手に利用すると、他の排気の流れを利用する**排気慣性効果**により、排気効率を上げることもできます（下左図）。

　エキゾーストマニホールドの素材は耐熱性の良い鋳鉄、あるいはステンレスのものもあります。エンジンルームから排気系まではスペースに制約が多く、市販車ではコストの問題もあるので、その中でなるべく排気効率が良いものを設計することになります。

◼ レーシングカーなどでは「タコ足」を使用して排気干渉を避ける

　レーシングカーの場合には「タコ足」と呼ばれるエキゾーストマニホールドが用いられます。これは「等長エキゾーストマニホールド」と呼ばれるものです。

　たとえば4気筒ではクランクシャフトが180°ずつ回転するごとに排気されますから、排気管の長さが同じならば、それぞれの排気が干渉することはなくなります。これは製作するコストも高くなることから、あまり市販車に採用されることがありません（下右図）。

　ちなみにスバルの水平対向エンジンがボクサーサウンドと呼ばれていたのは不等長エキゾーストマニホールドの排気干渉の音でした。現在では等長とされたためにふつうの音となっています。スバルファンにはちょっとさびしいところかもしれませんが、排気効率的には良くなっているのも事実です。

第1章 エンジン・燃料系と吸排気系

エキゾーストマニホールド

エキゾーストマニホールドはエンジンからの排気を最初に受けるパーツ。耐熱性とともにスムーズに排気を導く工夫が求められる。

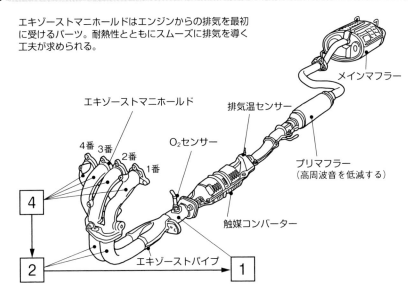

排気慣性効果

排気慣性効果は、排気ポートとマニホールドの集合部分の間にできる脈動を利用する。排気バルブの開閉によりマニホールドの中に燃焼ガスの密度が濃い部分と薄い部分ができる。バルブが閉じる直前にバルブ付近の密度が薄くなっていると燃焼室に残っているガスを吸い出す効果が生まれる。

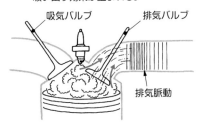

等長エキゾーストマニホールド（タコ足）

レーシングカー、チューニングカーでは、等長エキゾーストマニホールドを使用する。これは、排気管の長さが同じになるために、それぞれの排気の干渉を少なくすることができる。ただし、コストが高くなるために、市販車に使用される例は少ない。

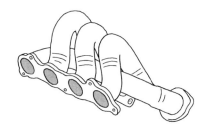

POINT
- ◎エキゾーストマニホールドは、排気を整えてマフラーまで導く
- ◎市販車では、排気（点火）の順番によって排気干渉が少ない方法を取る
- ◎レーシングカーなどでは効率を徹底的に追求したタコ足が使用される場合がある

エンジンに良い使い方、悪い使い方

同じクルマなのに、エンジンの調子が良いクルマと悪いクルマがあります。故障でもないのに調子が悪くなる原因は、燃焼室、バルブ、ピストンなどに堆積するカーボンの可能性が考えられます。

　カーボンが堆積するのは、主に不完全燃焼が原因です。常に**理論空燃比**（14頁参照）で完全燃焼すればいいのですが、なかなかそうもいきません。最終的には三元触媒で外部には出ないようにしており、エンジン内部では**EGR**（**排気ガス再循環**）で再燃焼させるなどのシステムをとっていますが、どうしても内部に付着します（上図）。

▐ 低回転時には燃焼室内にカーボンが堆積しやすい

　特にエンジン回転が低いと入ってくる空気の量が少なく、ガソリンと混合しづらくなります。また、燃焼温度も低いためカーボンが溜まりやすくなります。

　カーボンは吸排気バルブやピストンヘッド、燃焼室などに堆積していきます。そのために良い燃焼が妨げられて、エンジンの調子がイマイチ、特に回転の上がりが鈍いなどという症状が出る場合があるのです（下図）。

　普段、エンジン回転を上げずに走っていると、どうしても燃焼室にカーボンが堆積しがちになります。簡単にいえば、いつもエンジンを高回転まで回していればカーボンは堆積しにくいといえるわけですが、いつも全開で走れるわけではありませんし、それもまたエンジンに負荷のかかる使い方だともいえるわけです。

▐ 普段は低回転で走っていても、高回転で回す機会をつくることも大切

　現実的には、通常はエコロジー、エコノミーを心がけて走っていても、高速道路などある程度急加速が必要なときは、積極的にエンジンを回すという使い方をするのが良いでしょう。"回しグセのついたエンジン"などといわれますが、ただエンジンを回して使うというだけではなく、定期的なオイル交換など、メンテナンスをしっかり行なったうえで「回す」ことが必要です。

　また、いわゆる"チョイノリ"ばかりしているクルマもエンジンにはあまり良いとはいえません。エンジンはある程度発熱した状態でその性能が発揮されます。短距離を走るだけでは、エンジン自体が温まったころにはエンジンを切ることになってしまいますから、燃費的にも悪くなります。それは、始動時はコンピューターによって燃料が濃くなっているからですが、必然的にエンジン内にカーボンが溜まりやすくなります。もちろん**冷間**※で高回転まで回すのは、エンジンに致命的なダメージを与えることもあります。

※　冷間：エンジンが十分に暖まっていないこと。この状態でエンジンを高回転まで回すとピストンリングやシリンダーなどに悪影響を与えかねない

EGR（排気ガス再循環）

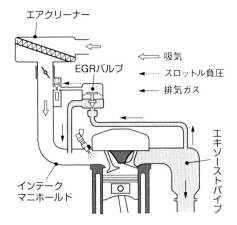

Exhaust Gas Recirculation (EGR)は排気ガスの一部を吸気側に戻すことにより、燃焼温度を下げ、排気ガス中のNO_xの排出を抑制する。排気ガスには酸素が少ないため、それに合わせて燃料噴射が抑えられてNO_xが減少する。

カーボンの堆積

エンジンが低回転だと吸い込む空気の量が少なく、ガソリンとうまく混合せずに完全燃焼しづらい。また、燃焼温度も低くなるために、どうしてもHC（炭化水素）が発生しやすくなる。そのために燃焼室内にカーボンデポジット（堆積物）が付着する。

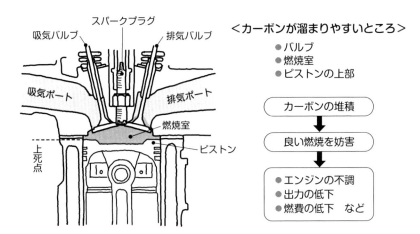

POINT
- ◎低回転ではどうしても完全燃焼しにくく、カーボンが多く発生する
- ◎発生したカーボンは、カーボンデポジットとして燃焼室に付着する
- ◎結果として、壊れているわけではないのに回りが鈍くなることがある

COLUMN 1

サーキットを走ると
エンジンの調子が良くなる？

　同じクルマのエンジンでも、よく回るエンジンと故障しているわけでもないのに回転の重いエンジンがあります。かつては「当たりエンジン」などと呼ばれ、メーカーの組み上げ精度にばらつきがあるので、たまたま？　新車のときから調子がいいエンジンがある、などという話も聞いたことがありますが、真偽のほどはわかりません。

　エンジンの好不調でいうと、日ごろの使い方による違いも影響している可能性があります。本文でも触れましたが、オイル交換など普段のメンテナンスをしている前提で、高回転まで回す習慣のあるエンジンの調子が良いというのは実際にありうることです。

　低回転ばかりで走っていると、なかなかエンジンの温度が上がりませんし、不完全燃焼によってカーボンやスラッジが吸気系やエンジン内部に溜まりがちになります。それらを除去するには完全燃焼をさせればいいわけで、それにはエンジンを高回転まで回して使ってやることが有効です。体験的にも、サーキット走行をした帰り道などでは明らかにエンジンの吹け上がりがスムーズになっているということがあります。

　ただ、これは「高速走行をすればいい」ということではありませんから注意が必要です。高速道路を100km/h程度で巡行してもエンジン回転はさほど上がりませんので「エンジンを回す」ことにはなりません。それよりも、巡航速度に達するまでの加速を素早く行なうほうが効果的といえるでしょう。

　反面、普段高回転ばかり使っていては、エンジン内部の摩耗も激しくなりますし、燃費の面を考えても良くありません。アクセルを多く踏めば、不必要にガソリンを消費することになりますし、不要な急加速は危険もともなう面があります。その辺のバランス感覚は大事です。

　エンジンを高回転まで回す際には、周囲の状況をよく考えて、高速道路での加速や、サーキット、ジムカーナ場などで行なうのが好ましいでしょう。

第2章

エンジン・潤滑系と冷却系

Lubrication system and cooling system

1. 潤滑系

エンジンオイルの基礎知識

エンジンオイルの重要性は今さらいうまでもないでしょう。金属のかたまりともいえるエンジンが可動する際には、当然ながら各部で"摩擦"が発生します。それを防ぐのがエンジンオイルです。

オイルの潤滑が必要な主なところは、ピストンリングとシリンダー壁、**カムシャフト**やカムがバルブを動かすために押されるタペットやロッカーアームの間、クランクジャーナル、コンロッドのビッグエンド、スモールエンドなど可動部すべてといっても過言ではありません。そこに**エンジンオイル**による**油膜**がつくられて、はじめてエンジンは動くことができるのです（図）。

■オイルの粘性は潤滑、シーリング、冷却を支える

ピストンとピストンリングの間は**潤滑**とともに**シーリング**（**気密**）の役目も果たしています。せっかく燃焼室で混合気が燃焼しても、圧力がクランク室に漏れると膨張の際のロスになってしまいます。ここでもオイルの**粘性**は重要になってくるのです。さらにオイルによる**冷却**という側面も忘れることはできません。本書は水冷式のエンジンを主に解説していますが、水冷却を行なわない空冷エンジンでは、オイルによる冷却は生命線でもありますし、水冷式でもシリンダーヘッドとピストンクラウンは高温になるためにオイルによる冷却が欠かせません。

もう1つ、あまり知られていないことかもしれませんが、エンジンオイルには**緩衝**という役割もあります。燃焼室の**燃焼圧力**は数トンの力となります。それをピストンが受けるわけですが、**クランクシャフト**までの伝達は**コンロッド**が仲介しています。ピストンとコンロッド、クランクと伝わる大きな衝撃は、接続部分にオイルがあるために圧力が緩衝され、スムーズな動きと耐久性が保たれているのです。

■オイルは粘度、グレード選びも大切だが、基本は定期的な交換

もちろん、エンジンオイルには粘度やグレードの違いがありますが、じつはこの辺はそれほど神経質になる必要はありません。サーキット走行など、過酷なエンジンの使用をしている場合は別ですが、一般走行している分には、そこそこのものを選んでおけば、それでエンジンが壊れてしまうという可能性は低いものです。

ただし、それもエンジンオイルの交換を定期的にしているという前提が必要になります。エンジンオイルは洗浄の役割も持っていますから汚れますし、あまり走っていなくても酸化します。いいものを使うことのメリットは否定しませんが、どちらかというと定期的に交換することを重視したほうがいいでしょう。

第2章 エンジン・潤滑系と冷却系

エンジンオイルの役割

エンジンオイルはカムやカムリフター、ピストン、シリンダー、クランクシャフトなどを潤滑しているだけはなく、ピストンの冷却や燃焼ガスのシーリングなど複数の重要な役割を担っている。

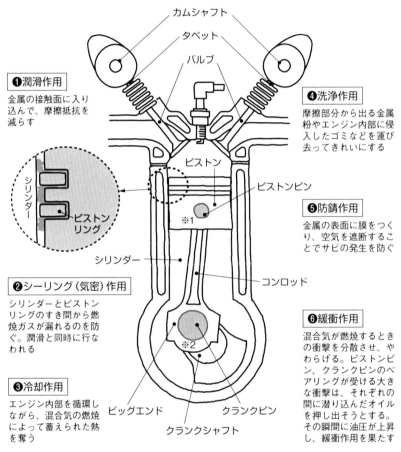

❶潤滑作用
金属の接触面に入り込んで、摩擦抵抗を減らす

❹洗浄作用
摩擦部分から出る金属粉やエンジン内部に侵入したゴミなどを運び去ってきれいにする

❺防錆作用
金属の表面に膜をつくり、空気を遮断することでサビの発生を防ぐ

❷シーリング（気密）作用
シリンダーとピストンリングのすき間から燃焼ガスが漏れるのを防ぐ。潤滑と同時に行なわれる

❻緩衝作用
混合気が燃焼するときの衝撃を分散させ、やわらげる。ピストンピン、クランクピンのベアリングが受ける大きな衝撃は、それぞれの間に潜り込んだオイルを押し出そうとする。その瞬間に油圧が上昇し、緩衝作用を果たす

❸冷却作用
エンジン内部を循環しながら、混合気の燃焼によって蓄えられた熱を奪う

※1、2　エンジンの燃焼圧力は数トンになる場合もある。エンジンオイルが力のかかる部分の緩衝材となることで、この強大な力を受け止めることになる。そのためにもオイルの粘性は大事で、もしオイルが劣化すると、そうした力が接続部分にダイレクトに伝わり内部で破損の原因にもなる

POINT
- ◎エンジンオイルの役割は潤滑だけではなく多岐にわたる
- ◎エンジンの燃焼圧力からエンジン内部を守る緩衝の役割は非常に大切
- ◎良いオイルやグレードにこだわるのはいいが、定期交換が大前提

1-2 目視でできるオイルのチェック方法

エンジンオイルのいちばん簡単なチェック方法はオイルレベルゲージを見ることですが、量とともに色についても気を配る必要があります。特にオイルが乳白色のときは要注意です。

まず、**オイルレベルゲージ**を抜いて見てわかることは**エンジンオイル**の量です。ローレベル（L）からハイレベル（H）までの境界線（目盛り）が刻んでありますが、とりあえずはこの間に収まっていれば大丈夫です（上図）。できれば7分目というのが理想ですが、そこまで厳密にする必要はないでしょう。

■ローレベルを下回ると、エンジンにダメージを与える場合もある

エンジンオイルがローレベルまで届いていないのは、オイルの量が足りないということなので、補充する必要があります。ただ、ハイ（H）を超えるレベルまで入っているのもまた困りものです。「多い分にはいいのではないか？」と思うかもしれませんが、エンジンにとっては良くありません。

その理由ですが、エンジンオイルは、最終的にはエンジン下部の**オイルパン**に貯まることになります。この上には**クランクシャフト**があるのですが、基本的にクランクシャフトには**カウンターウェイト**が付いており、エンジンオイルが多いと、それがオイルに触れてしまう可能性があるのです（中図）。そうなると当然回転抵抗になりますし、オイルを撹拌してしまいますから、泡立ってしまいます。すると、オイルにエアが混じり本来の潤滑性能を果たせないということも考えられます。

■洗浄能力の高いエンジンオイルほどすぐに汚れる

エンジンオイルは交換した直後は透明に近いものです（着色しているものもあります）。しかし、わりとすぐにオイルは黒ずんできます。それはエンジンオイルに洗浄性能があるためなので仕方のないことです。それで何かのトラブルがあるという可能性は低いでしょう。チェックしたときにある程度透明感が残っていれば、まだ大丈夫という判断ができます。

気をつけたいのは、エンジンオイルが乳白色になっているときです。これが何を意味しているかというと、エンジン内部に水が侵入したということです。エンジン内は水が循環していますが、これは基本的に**ウォータージャケット**内ですからオイルとは別系統です（下図）。オイルと水が混合しているということは、**ガスケット**の破損など重篤なトラブルが考えられます。こうなると、エンジンを分解チェックする必要が出てきます。

オイルレベルゲージのメモリの見方

オイルレベルゲージにはH、Lの表記や、下方と上方に目印の穴が空いていてオイル量をチェックできるようにしている。HとLの間のオイル量は約1ℓとなっている。オイル交換をしてLギリギリだった場合には1ℓ以内の継ぎ足しをすればだいたい量的にはベストになるということでもある。

エンジンオイルの量が多すぎてもダメな理由

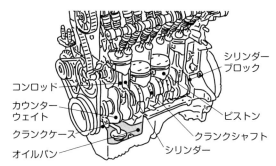

エンジンオイルの量が多すぎると、カウンターウェイトに触れてしまい回転抵抗になる。

オイルと水が混ざる要因

本来ウォータージャケット内にあるはずの水がオイルと混ざるということは、ガスケットの破損など大きなトラブルの可能性が考えられる。

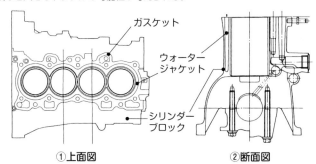

①上面図　②断面図

POINT
- ◎エンジンオイルはオイルレベルゲージを見て補充・交換時期を判断する
- ◎オイル量はオイルレベルゲージのハイレベルとローレベルの間ならOK
- ◎エンジンオイルが乳白色になっていた場合は、冷却水の混入が考えられる

1-3 ドレンボルト、オイルフィルター、フィラーキャップの緩み

エンジンオイルは適性な油量を保つことが大事です。走行しているうちに自然に消費するのは仕方ありませんが、漏れによって量が減ってしまうことがあります。「緩み」もその一因なので要注意です。

エンジンオイル関係でいちばん気をつけなければいけないのは**ドレンボルトの緩み**です。自分でオイル交換をする際にも、意外と多いのがオイルを抜いたことに安心してドレンボルトを締めることなくオイルフィラーからオイルを注ぎ、そのまま床に漏らしてしまうというミスです。自宅ガレージで行なうにしても、賃貸駐車場で行なうにしても後処理が大変ですし、場合によっては近所迷惑となります。

ちなみにサーキットなどで走る際には、事前に「ドレンボルトの確認をしてください」と言われる場合があります。コース上にオイルを撒いてしまうと、整備が終わるまで走行することができなくなるため、非常に迷惑だからです。

▌ドレンボルトは規定のトルクで締めるのが基本

ドレンボルトは締めすぎるとオイルパン側（特にアルミの場合）を傷める恐れがありますから、**トルクレンチを1本持っている**と安心できます。車種による確認が必要ですが、おおよそ3〜3.5Nmくらいの場合が多いようです（上図）。

オイルフィルターの締め付けも重要です。オイルフィルターを外す場合には、そのサイズに合ったフィルターレンチを使うことになりますが、装着は一般的にはレンチなどを使わずに手でしっかりと締め付ければいいとされています。

大切なのはパッキンの部分にオイルを塗布しておくこと。こうすることで、パッキンの滑りが良くなり、ねじれたりせずにオイルが密閉されることになります（中図）。オイルフィルターも締め付けトルクが決まっている場合、あるいは着座してから3/4回転させるなどの記入がされているので注意が必要です。

▌ボンネットを開いたときにはオイルフィラーキャップのチェックも行ないたい

ドレンボルトを締め、オイルフィルターを装着したら、オイルフィラーからオイルを注入します。**オイルフィラーキャップ**は、オイルを入れた後の締め忘れに注意が必要です。そのまま走るとエンジンルームがオイルまみれになったり、気がつかないとエンジンにダメージを与えることになりかねません。

こういうことを防ぐためにも、ボンネットを開けた際には、オイルフィラーキャップや**オイルレベルゲージ**などがしっかり装着されているかのチェックを習慣づけるといいでしょう（下図）。

第2章 エンジン・潤滑系と冷却系

ドレンボルトを締めるときの注意点

ドレンボルトを締めるときには手でパッキンが着座するまで締め込んで、最終的にはトルクレンチで規定トルクをかけるのが望ましい。規定トルクは車種によって違うがおおよそ3～3.5Nmで、力任せにギューっと締めてしまうと、大幅にトルク超過となってしまうので注意が必要。

オイルフィルター交換時の注意点

パッキンの部分にオイルを塗る

オイルフィルターを装着する際には、手で締める場合と規定トルクで締める場合、あるいはフィルターとエンジンブロックが密着してから3/4回転させるなどの指定がある。DIYで行なう場合には事前の確認が必要。オイルフィルターのパッキンにオイル(新油でも旧油でも可)を塗布して滑りを良くすることも忘れないようにすること。

ボンネットを閉める前の習慣

ボンネットを閉じる前にはオイルフィラーキャップ、オイルレベルゲージ、バッテリー端子、冷却水の量などをセットで確認する習慣をつけるといい。オイルフィラーキャップを閉め忘れると、エンジンルームがオイルまみれになるので要注意。

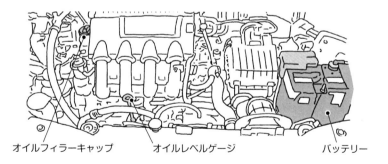

オイルフィラーキャップ　　オイルレベルゲージ　　バッテリー

POINT
- ◎ドレンボルトを締めるときにはトルクレンチを使用するのが望ましい
- ◎オイルフィルターの締め付け方法は、車種によって違うので注意が必要
- ◎オイルフィラーキャップの緩みはボンネットを閉じる際のチェック項目にする

オイル漏れとその対策

エンジンオイルの漏れは、クルマに関するトラブルの中でも自分で発見しやすく、対処の仕方によっては大事に至らずにすむことも多い部分ですが、日ごろから心がけておきたいポイントもあります。

まず、「漏れ」以前にオイルは「にじみ」が発生する場合があります。オイルフィラーキャップの周辺やドレンボルトの周辺であるなら、前回オイル交換をしたときにたれてしまった跡ということも考えられます。**オイル交換**の際に汚した場合は、きれいに拭きとっておく必要があります。パーツクリーナーなどを使用するといいでしょう。

▌漏れの防止にはトルク管理をしっかりすることが最重点ポイント

ドレンボルト部からの漏れは、締め付け不良であればしっかり規定トルクで締めることで解決する場合があります。

また、パッキンの不良で漏れてくることもあります。パッキンは基本的にオイル交換ごとに新品にする必要があります。交換しないで続けて使用していると、オイル漏れの原因となる場合があります。交換以前につけ忘れたなどということがあると、漏れの原因とともに**オイルパン**を傷める要因となるので注意が必要です。

規定トルク以上で締め付けたり、うっかりドレンボルトを斜めに締め付けてしまったりすると、ねじ山が破損することになって**オイル漏れ**が起こる可能性があります。この場合はオイルパンの交換が必要になりますから費用も高額になります。

前項でも触れていますが、これを防ぐにはまず手でドレンボルトを締めることと、最後は**トルクレンチ**で締めることが大切です。また、オイル交換をした際に、最後に下回りの点検をして、オイルが漏れていないか確認することも重要です（上図）。

▌ヘッドカバーやヘッドのにじみはそれ以上拡がるかどうかが問題

エンジン回りにオイルがにじんでいるというケースでは、それ以上悪化しないのであれば、とりあえず様子を見て、にじみが増えてくるようならば修理をする必要があります。その場合は基本的にはプロに相談したほうがいいでしょう（下図）。

また、エンジンとオイルパンの締結部からオイルが漏れている場合、あるいは、**シリンダーヘッド**と**シリンダーブロック**の間からオイルが漏れている場合には、分解して**ガスケット**を交換することになります（31頁下図参照）。

エンジン外部に出ているクランクシャフトの回転部からオイルが漏れているとなると、事実上エンジンオーバーホールが必要となります。一般的にはエンジンの寿命と考えるべきでしょう（31頁中図参照）。

第2章 エンジン・潤滑系と冷却系

ドレンボルトを締める際の注意点

ドレンボルトも締め方によってはオイル漏れが起きやすいところ。まっすぐ入れることとトルク管理が重要。パッキンはオイル交換ごとに新品にするのがベスト。

ドレンボルト

オイルのにじみに気をつけたほうがいい場所

オイルのにじみは、エンジンの主要パーツをつなぎ合わせた部分から発生しやすい。にじんでいる程度なら事実上問題はないが、それが拡がってきたり「漏れ」になったら、抜本的な修理が必要となる。

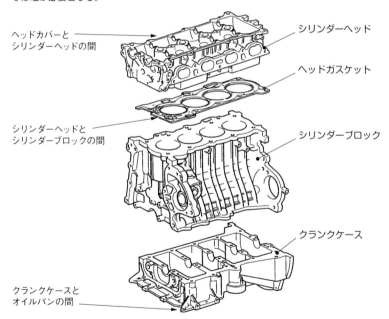

- ヘッドカバーとシリンダーヘッドの間
- シリンダーヘッド
- ヘッドガスケット
- シリンダーヘッドとシリンダーブロックの間
- シリンダーブロック
- クランクケース
- クランクケースとオイルパンの間

POINT
- ◎ドレンボルト周辺はパーツクリーナーで清掃しておくとにじみを発見しやすい
- ◎オイルのにじみや漏れは日常の気づかいで比較的早く発見できるポイント
- ◎エンジンのつなぎ目のにじみは、とりあえず経過観察から

エンジンオイルの交換時期

エンジンオイルの交換サイクルの基準は、基本的には走行距離ですが、スポーツ走行を頻繁にするなど特別なエンジンの使い方をする場合は別の基準も考えられます。

エンジンオイルは、熱による酸化、オイルのせん断、ガソリンによる希釈などによって劣化するため、定期的な交換が必要になります（上図）。

スポーツ走行などエンジンを高回転まで回すのではなく、一般的な走行を前提とすれば、1万km台など長距離を走行することも不可能ではありません。エコロジーという考え方からいえば、むやみにオイル交換の頻度を高めるのも感心されたものではないので、それも考え方としてはありでしょう。

■オイル交換の基準は走行距離？　ガソリン消費量？

ただ、一般的には3000kmから5000kmを目安に交換することが推奨されています。一方、あまり知られていないかもしれませんが、ガソリンの使用量を基準にするという方法もあります。たとえば500ℓ使用したら**オイル交換**するとした場合、ガソリンタンクの容量が50ℓだとして10回の給油で交換するような方法です。この考えは、走り方によってオイルの劣化具合が違うので、オイルの交換時期は必ずしも走行距離を基準にする必要はないという考え方からきたものです。

もう少し具体的に説明します。一般走行でリッター7km、スポーツ走行でリッター1km走るクルマがあったとします。この場合、一般走行ではガソリン500ℓ（10回給油）で3500km走行したことになり、ふつうの交換サイクルとなります。一方、スポーツ走行で500ℓ走った場合には500kmしか走行していません。それでもオイルは熱によって劣化し、オイルにガソリン成分が混入する可能性も高くなりますから（中図）、劣化は3500km走ったのと同等と考えます。

■後付けメーターで劣化具合を確認する方法

もう1つ、後付けの正確な**油圧計**、**油温計**を装着して交換時期を知るという方法もあります（下図）。もちろん、走行距離や給油回数（**ガソリン消費量**）も合わせて目安にしなければなりませんが、オイル交換直後と比較して油圧が上がらない、油温が高いなどの症状が出てきたら、間違いなくオイルが劣化してきたといえます。

一般的にはここまで神経質になる必要はありませんが、やはりエンジンの血液としてエンジンオイルは重要なものなので、スポーツ走行などを中心に行なうドライバーはいくつかの方法を知っておいてもいいでしょう。

エンジンオイルの劣化

エンジンオイルは、熱による酸化などいろいろな要因によって劣化する。

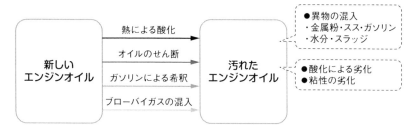

ガソリンによるエンジンオイルの希釈

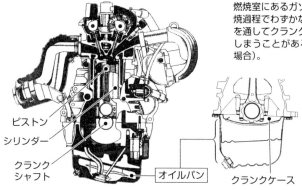

燃焼室にあるガソリンは、圧縮過程や燃焼過程でわずかながらもピストンリングを通してクランクケース側に通り抜けてしまうことがある(特に古いエンジンの場合)。

また、クランクケースはオイルパンとつながっており、ガソリンが少しずつでもオイルを希釈して劣化させる。それは一概に走行距離によるものだけとはいえず、ガソリンの噴射が多いほどエンジンオイルを希釈させる割合が増える可能性がある。

油圧計、油温計によるオイル管理

後付けの油圧計(写真中央下)、油温計(写真中央上)を取り付けることにより、オイル管理が正確にできる。油圧が上がらない、油温が高いなどの症状はオイルの劣化を意味する。

POINT
- 基本的には走行距離をオイル交換の目安にする
- ガソリンによる希釈が要因のオイルの劣化は走行条件によって大きく違う
- 後付けの油圧計、油温計を併用することで、より厳密なオイル管理ができる

1-6 超低粘度オイルの有効性

最近は、0W-20などのいわゆる"超低粘度"のエンジンオイルが多く用いられるようになってきましたが、低粘度オイルにはメリット、デメリットがあります。

ひとくちに言うと、**エンジンオイル**の**粘度**が高いということは、エンジン内部で**フリクションロス**（摩擦による損失）になるということです。そういう意味ではできれば低粘度に越したことはありません。あまり硬い（高粘度）オイルを使うと、エンジンパワーが損なわれてしまうことがあるのです。

◤低粘度オイルはフリクションロスを減らし、燃費を稼ぐのに役立つ

特に現在はCO_2の排出削減が厳しくなっていますから、**低粘度オイル**を使用してオイルによる抵抗を少なくすることで燃費を稼ぐという意味もあります（上図）。もちろん粘度が低いと、熱を持ったときやエンジンを高回転まで回したときに**油膜切れ**の恐れがありますが、現在はエンジンオイルもベースオイルや添加剤などの工夫によりそうしたことのないように対策が施されています。

最近は、ハイブリッド車など最初から低粘度オイルが指定されている車種が多くなっています。そうしたクルマには、それに適したエンジンオイルを使用しないと燃費が悪化することがあるので注意が必要です。

◤古いクルマ(エンジン)は低粘度だと厳しい場合もある

逆に古いクルマ（エンジン）の場合は、粘度が高いオイルを使用したほうが良い場合があります。

長距離を走ったクルマのエンジン内部では**ピストンリング**なども摩耗が進行しています。ここで低粘度のオイルを使用してしまうと、圧縮、燃焼というエンジンの行程で、オイルによる**シール（密閉）**作用が効きづらく、パワーを発揮できなかったり、オイルの油膜切れが起きることにより、エンジン本体にダメージを与えてしまうことがあるからです（下図）。

"オイルで圧縮漏れを防ぐ"とはいうものの、新車時のエンジンの性能に劣ることになってしまうのですが、ある程度粘度の高い（硬い）オイルを使用するのがベターということになるでしょう。

また、古いエンジンに最新の低粘度のオイルを使用するとなると、たとえば**エンジンブロック**と**オイルパン**の取り付け部分などからエンジンオイルが漏れるなどということも考えられるので注意が必要です（35頁下図参照）。

第2章 エンジン・潤滑系と冷却系

低粘度オイルによるフリクションロスの低減

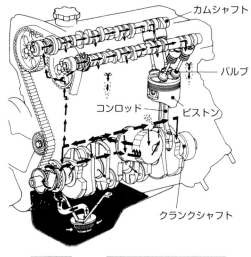

エンジンオイルの最大の役割は潤滑作用。オイルの油膜が各部品同士の摩擦をできる限り少なくする。0W-20や0W-30という超低粘度オイルは、この摩擦によるロス（フリクションロス）を減らすことによって、エンジンが軽く動き、結果として燃費が向上することに役立つ。高燃費を謳ったクルマのエンジンにはこうしたオイルが指定となっていることも多い。

粘度の高いオイルで圧縮を保つ

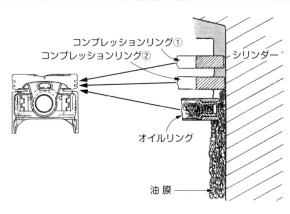

距離数を走ったエンジンの場合は、シリンダーとピストンリングのクリアランス（すき間）が広くなっている場合がある。根本的な解決策ではないが、そのときは粘度の高い硬めのオイルで塞いでやることが圧縮漏れを防ぐのに有効なことがある。

POINT
◎超低粘度オイルは、最近のエコカーの性能を引き出すのに必要
◎ベースオイルや添加剤の工夫で低粘度でも油膜切れを起こすことが少なくなった
◎古いエンジンは、硬めのオイルで内部を保護し、圧縮を保つほうがいい

2. 冷却系

エンジンを守る冷却装置の働き

エンジンは混合気を圧縮、燃焼させ、その膨張力を走行エネルギーに転換しているため、そこで発生した熱を冷やすことが必要になります。ただ、エンジンの耐熱力にはおのずと限界があります。

エンジンが発熱しているというのは、そこにエネルギーが発生しているということですから、それ自体は必要です。ただし、エンジンは熱に対して限界がある金属でできているため、**耐熱温度**を超えればシリンダーヘッドを歪ませるなどエンジン自体が破損することがあります。また、**エンジンオイル**の粘性が低くなり、**油膜切れ**を起こしやすくなります（上図）。

冷却系のシステムは、エンジンを保護するのに必要な温度を維持するためになくてはならない存在です。

■エンジンは発熱しすぎても冷えすぎても良くない

エンジンはもともと発熱することを計算に入れて設計してあります。ピストンも熱で膨張してはじめて、シリンダーに合うように円形になり、クリアランスが適性になるなど、熱膨張を前提として設計されているのです。そういう面ではある程度の温度になってはじめて本来の性能を発揮するといえます。

そのため、**サーモスタット**を利用して温度を早く上げる工夫がされています。これはエンジンが暖まるまではラジエターに冷却水を回さずにエンジン内部で循環させる装置です（下図）。ちなみにモータースポーツ用のエンジンなどは、水温が高くなることを前提としてあるので、100℃以上で性能が発揮できるような仕様になっていることもあります。

■冷却水が沸騰したら冷却効果が期待できないのでそれ以下に維持する

どちらかというと**オーバーヒート**のほうが問題視されますが、**オーバークール**という現象もあり、エンジンは冷えすぎても、燃焼が安定せずに性能が十分に発揮できません。燃焼には混合気が必要ですが、低温だと燃料の気化が難しい面があります。そのまま**ピストンリング**を抜けてエンジンオイルと混じるという可能性もありますからエンジンには良くありません（上図）。

ちなみに冷却水の温度は平常時で80℃前後ですが、これはおよそ110℃を超えるとオーバーヒートの兆候が現れて、**シリンダーヘッド**の歪みや**ガスケット**の破損などの恐れがあるので（35頁下図参照）、冷却水が100℃を超えて沸騰するまでに、安全のためのマージンを取っているといえるでしょう。

第2章 エンジン・潤滑系と冷却系

🔧 エンジンを適温に保つ必要性

冷却装置によってエンジンを適温に維持しないとさまざまな不具合が起こる。

高温 ↑
〈オーバーヒート〉
- エンジンオイルの粘性が低下→油膜切れ→ピストンやシリンダーの焼き付き、膨張変形
- ノッキングなどの異常燃焼、シリンダーヘッドの変形などエンジンの破損

適温 ＝ 冷却水の温度は約80℃

〈オーバークール〉
- 燃料の気化がしにくい→燃焼が悪化
- エンジンオイルに燃料が混合→潤滑機能の喪失

低温 ↓

🔧 サーモスタットの働き

エンジンの始動直後など冷却水の水温が低いときは、温度を上げるためにラジエーターを通さず、エンジンのウォータージャケット内だけで循環させるようにする。水温が規程値(80～85℃)になるとラジエーターとのバルブを開く。

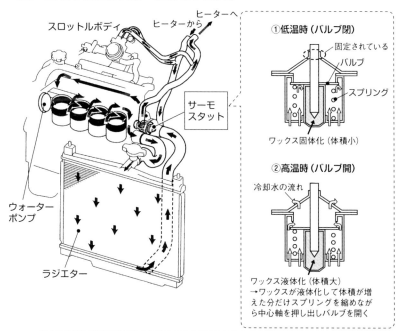

POINT
- ◎エンジンが熱を持ちすぎるとシリンダーヘッドの変形など大きなダメージがある
- ◎さらに、エンジンオイルの粘性が下がり、エンジン焼き付きの原因となる
- ◎オーバークールも良くないため、水温をサーモスタットで調整する

LLCと冷却水の見方

水冷エンジンには必ず冷却水が必要です。これはただの水ではなく、冬期の凍結やサビを防ぐLLC（ロングライフクーラント）を混合させています。このチェックは基本的な日常点検の項目です。

ボンネットの中には通常ラジエターとそれがホースでつながった**リザーブタンク**があります。冷却水については、基本的にここをチェックすればOKということになります（上図）。リザーブタンクにはF（フル）とL（ロー）のレベル表示がありますから、冷却水がその間にあることを確認して、もしLを下回っているようだったら、**冷却水（LLC）**を継ぎ足すようにします。

■ LLCを用いることで凍結や冷却系のサビが防げる

冷却水は緑色と赤色のものがありますが、これはメーカーによる目印のようなもので内容物は同じです。冷却するだけならただの水でも良いのですが、水の場合は内部にサビが発生する可能性や、氷点下になると凍ってしまい、体積が膨張することによって、冷却系を破損してしまうこともあります。

そのためにLLCを混ぜます。LLCには水の氷点を下げる、サビを防ぐなどの効果がありますが（48頁参照）、主成分はエチレングリコールです。量販店では、自分で薄めて使う原液と、そのままリザーブタンクに充填できる製品があります。

冷却水が規定量入っているならば、それほど神経質になる必要はありませんが、できれば1～2年に1度くらい交換するといいでしょう。やり方は、エンジンが冷えている状態でラジエター下にある冷却水の**ドレンプラグ**を外し、冷却水を抜きます（下図）。このとき抜いた冷却水は毒性があるので、ガソリンスタンドなどで引き取ってもらうことが必要です。

■ 冷却水交換時にはエア抜きが必要

ドレンプラグを締めたら、ラジエターにLLCを入れ、さらにリザーブタンクにも適量LLCを入れます。さらに**エア抜き**という作業が必要となります。これはラジエターのキャップを開いたままで、ヒーターをHOTにしてエンジンを始動し、ラジエターや配管内のエアを抜く作業です。

冷却水が暖まってくるとラジエターのフィラーから気泡が出て、水面が下がりますから、その都度LLCを足していきます。気泡が出なくなったらラジエターキャップを締め、さらにリザーブタンクのLLCを適量にして終了となります。1日たって水面が下がっているようなら、また足しておきましょう。

ラジエターとリザーブタンク

エンジンの熱で冷却水の温度が高くなると、膨張してラジエター内の圧力を高め、圧力が規定以上になるとリザーブタンクに余分な水を逃して圧力を保つ。停止するなどにより水温が下がるとラジエターの圧力も下がり、リザーブタンクの水は戻される。

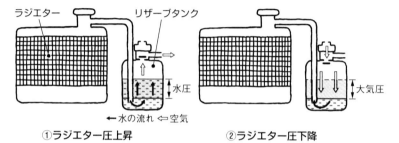

①ラジエター圧上昇　　②ラジエター圧下降

ラジエターのドレンプラグ

冷却水を交換するときには、ラジエター下部にあるドレンプラグを外すことで冷却液を抜くことができる。ただし、エンジンブロック側の冷却水は、エンジンブロックのドレンボルトを外さなければ抜けないので、全量交換とはならない。通常冷却水交換はラジエターだけで済ませることが多い。

POINT
- ◎冷却水のチェックは、リザーブタンクのFとLの間にあることを確認する
- ◎冷却水の交換はラジエター下部のドレンプラグを外すことで行なう
- ◎冷却水交換時には、エア抜き作業を行なわないとオーバーヒートの原因となる

ラジエター、ラジエターキャップ・ホースのチェック

2-3 冷却系のパーツも、長期間にわたって使用していれば劣化は避けられません。特に中古のクルマなどは、買ったときにはわからなくても走行してみると不具合が……などということがあります。

普段はあまり気にすることがないかもしれませんが、冷却系でチェックしておきたい重点ポイントがいくつかあります。

まずラジエター本体からの**冷却水**（**LLC**）漏れ。もし、ラジエターの下を見て水が漏れている跡のようなものがあれば、ラジエターからの水漏れを疑ってみる必要があります（上図）。

同じような症状でもウインドウォッシャータンクからだった、などということもありますから見極めが必要です。冷却水の場合、水が蒸発した後でもLLC自体の成分が粉状になって残るため、それで漏れを判断することができます。

冷却水の漏れは、ある程度ならば水漏れ防止剤などで防げる場合もありますが、根本的な解決にはなりません。完全に直すためには、ラジエターの修理か交換という作業が必要となってきます。

◪加圧して沸点を上げるラジエターキャップは劣化が避けられないパーツ

ラジエター本体以外ではラジエターキャップの劣化があげられます。これは消耗品であることも覚えておきたいポイントです。ラジエターキャップはラジエターを加圧することで、コア内の冷却水の沸点を上げるという重要な役割を担っています。加圧にはゴムのパッキンやスプリングを使っているために、経年変化はどうしても避けられません（下図）。

具体的な症状としては、以前より水温が上がり気味だとか、他に漏れている部分が見当たらないのに冷却水が減っていくというような現象があげられますので、こういうことが起きたらラジエターキャップの劣化を疑ってみましょう。

◪ラジエターホースは熱によってやわらかくなっていたら要交換

ラジエターホースも経年劣化します。高温となった水が行き来するということで、どうしてもホースがやわらかくなって膨らんだり、何かの原因があって傷から水が漏れるといった症状となります。

新品と比較しないとわかりにくい部分ですが、ラジエターホースを手でつかんでみて、あまりにもぐにゃぐにゃとやわらかかったり、変形しているようだったら劣化が疑われます。ホースバンドの緩みにも要注意です（上図）。

第2章 エンジン・潤滑系と冷却系

ラジエターのチェック

古くなったラジエターはコアから冷却水が漏れたり、ラジエターホースとの継ぎ目から冷却水が漏れたりする。ラジエターコアからの水漏れなら、応急措置として「水漏れ防止剤」などでしのげる場合があるが、根本的に直すにはラジエターを外しての修理か、交換が必要になる。

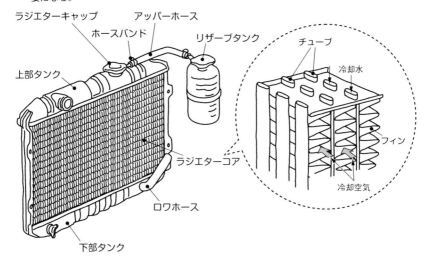

ラジエターキャップの機能と劣化

大気圧では、水は100℃で沸騰しそれ以上にはならないが、密閉すると圧力が上昇して沸点が高くなり、外気温との差が大きくなる。そのため冷却効果が上がる。加圧式ラジエターのキャップには、加圧弁と負圧弁が付いている。冷却水の温度が110～120℃になって内部の圧力が高くなると加圧弁が開いて余計な冷却水をリザーブタンクに逃す。逆に温度が下がって内部が負圧になったときには負圧弁が開いて、リザーブタンクから冷却水を入れて常に冷却水がラジエターに満ちているようになっている。

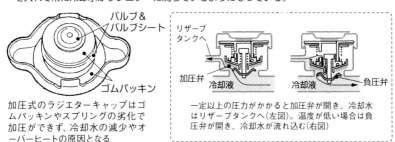

加圧式のラジエターキャップはゴムパッキンやスプリングの劣化で加圧ができず、冷却水の減少やオーバーヒートの原因となる

一定以上の圧力がかかると加圧弁が開き、冷却水はリザーブタンクへ(左図)。温度が低い場合は負圧弁が開き、冷却水が流れ込む(右図)

POINT
◎古くなったラジエターは水漏れする可能性がある。場合によっては交換が必要
◎ラジエターキャップも消耗品。水が減るなどの症状が出たら劣化を疑う
◎ホースは握ってみて弾力がない、やわらかすぎる場合には劣化が考えられる

オーバーヒートの対処法

昔ほどではありませんが、オーバーヒートがエンジンの代表的なトラブルであることに違いはありません。いろいろな原因で起こるオーバーヒートには、それぞれの対処法があります。

オーバーヒートの原因はいくつかありますが、トラブルとして多いのはVベルトやVリブドベルトの緩みや切れによってウォーターポンプの作動が不良になることです。こうなると冷却水が循環しなくなってしまい、冷却機能が衰えオーバーヒートに至ります（上図、下左・右図）。

走行中にチャージランプが点いたり（166頁参照）、渋滞などで水温がどんどん上がってきたらこれが疑われますから、クルマを安全な場所に停め、エンジンを切るしか実際の対処法はありません。水などがすぐに手に入るようならラジエターに水をかけて、少しでも温度を下げエンジンを切るという方法もあります。

■冷却水漏れの場合は、どの時点で気がつくかで対処の仕方が違う

次に考えられるのが、ラジエターやラジエターホースからの冷却水の漏れです（前項参照）。冷却水のLLCは独特の甘い臭いがするので、漏れているときは臭いで気がつくこともあります。この場合、冷却水がある程度入っていれば、冷却自体はされていますから、どれだけ早く気がつくかがポイントになります。

早期ならボンネットを開けたり、ヒーターを「強」で効かせれば水温が下がる可能性があるので、その時点でエンジンを切ります。水が完全になくなってしまったら、ボンネットを開けてエンジンを切るしかありません。

■冷却水が少なくてオーバーヒートするなら、条件によっては水温を下げられる

もともと冷却水が少なくて漏れてはいないという場合も考えられます。この場合、ある程度までなら水量が少なくなっても、通常走行している限りは気がつかない場合があります。この状態のまま坂道などでエンジンに高負荷を与えると水温がどんどん上がってくるという状況になります。

そういう場合は、不完全ではあっても冷却系が動いているわけですから、逆方向に下って走行風をラジエターに当てれば水温が下がる可能性があります。その後にエンジンを切って、ガソリンスタンドなどがあれば水を足す、ロードサービスを呼ぶなどの手段があります。古いクルマでは、ラジエター内部がさびているなどの要因によって水温が上がることもあります。これも、負荷を与えないことやヒーターを「強」でかけることでエンジンを冷却できる可能性があります。

第2章 エンジン・潤滑系と冷却系

ウォーターポンプの役割

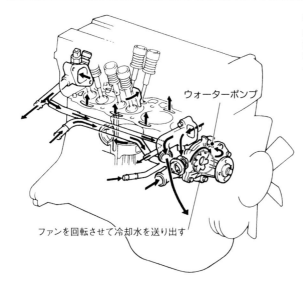

ラジエターで冷却された冷却水はウォーターポンプによって送り出され、ウォータージャケット内を循環する。

ウォーターポンプ

ファンを回転させて冷却水を送り出す

ウォーターポンプのベルト

ウォーターポンプは、エンジンの回転によってベルト駆動することで冷却水を循環させる。ベルトのトラブルで作動不良になることもある。

ウォーターポンププーリー

Vベルトの緩みチェック

特にVベルト(古いクルマに多い)は、緩みや切れに注意が必要。ベルトのテンションは、ボンネットを開けたときのチェック項目の1つにしたい。ゆるすぎてもきつすぎても良くない。

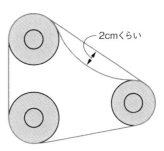

2cmくらい

POINT
- ◎水温が上がりはじめたら、冷却系になんらかのトラブルがあることが予想される
- ◎普段からベルトのテンションをチェックすることを習慣にする
- ◎完全にオーバーヒートしてしまったら、ボンネットを開けてエンジンを切る

2-5 オーバーヒート以外で冷却水が減る場合

オーバーヒートしていないのに、ボンネットを開けてリザーブタンクを見ると、冷却水がローレベルを切っている……という場合があります。このようなことが起きる原因と対策について考えてみましょう。

まず、**冷却水**は蒸発して自然に減ることがあると再認識してください（上図）。トラブルがなくても減るのです。**リザーブタンク**は密閉しているものではありませんから、水は少しずつでも蒸発していきます。たとえば冷却水を補給して、数ヶ月してローレベルまでいってしまったという場合は自然減と考えていいでしょう。

▌LLCの濃度と冷却水の減り具合

厳密には**LLC**の濃度によっても冷却水の減り方が違ってきます。LLCを濃くすると冷却効率が下がってしまいますから、水温が上がりぎみになり結果として冷却水が多く減る傾向になります。LLCの濃度を濃くするのは、冷却水を凍らせないためですから寒冷地のクルマでは必要なことです（中図）。

ちなみに、LLCを濃くすると冷却効率が下がるということは、暑くなる夏などは冷却のために薄くするという考え方もあります。サーキット走行などエンジンに負担のかかる走行をするユーザーは、水だけにして冷却性能を保つこともあるのです。

▌オーバーヒートしなかったのではなく、する前に気がついたという場合も……

冷却水をチェックするとローレベルより減っていたのに、**オーバーヒートしなかった**ということは、運良くオーバーヒートする前に気がついたともいえます。たとえば、クルマをほとんど短距離しか使わないという場合には、冷却水が減っていても、エンジンが温まって**サーモスタット**が開く前にエンジンを停止してしまうことになり、オーバーヒートに至らない場合もあります（40頁参照）。

もちろん、そのまま走り続ければオーバーヒートにつながります。対策として必要なのは、まずボンネットを定期的に開けて、リザーブタンクの冷却水の量をチェックしておくことに尽きます。自然に減っている場合には継ぎ足せばOKです。

トラブルによる冷却水減少の原因は、主なものは前項までに解説しましたが、ラジエターコアのサビによる冷却力不足、コアやホースのつなぎ目などからの少しずつの漏れ、**ラジエターキャップの劣化**（下図）、ベルトの緩みなどが考えられます。これも短距離ではオーバーヒートしない場合もあります。

それほど激しい漏れでなければ、水を継ぎ足しながら乗るという方法もありますが、精神衛生上もよくありませんから、根本的な対処を行なう必要があります。

第2章 エンジン・潤滑系と冷却系

冷却水の循環

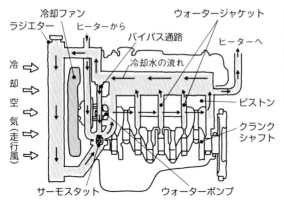

冷却水は特別なトラブルがなくても自然に蒸発していく。数ケ月単位で冷却水が減っていくような場合には、その分冷却水を足していけば問題ない。車検ごとに交換するくらいのサイクルが望ましい。

LLC濃度と凍結温度

LLC濃度	凍結温度
30%	−15℃
35%	−20℃
40%	−24℃
45%	−28℃
50%	−36℃
55%	−41℃
60%	−54℃

LLCは水の氷点を下げるとともに沸点を上げる。濃度は、通常新車時に30%とされているが、濃度が高いほど凍結温度が下がるため寒冷地では上げられる(60%程度までが上限)。なお、濃度が20%以下になると防錆性能は望めなくなる。

ラジエターキャップからの漏れ

ラジエターキャップの劣化も、冷却水が少しずつ減る原因になる。水分が乾いていても、周辺にLLCが粉末となって残っている場合には漏れを疑う必要がある。単純にキャップの緩みということもある。

POINT
◎冷却水は自然に減ることがあるので、即トラブルとは限らない
◎トラブルが原因で減る場合、オーバーヒート前に気がつけば好運といえる
◎漏れなどで少しずつ減っている場合(1週間単位くらい)はプロに相談する

ラジエターキャップの劣化で
冷却水が減った

　山道を走っているとき、冷却水不足の警告灯が点いてどきっとしたことがあります。そのときは水温も特に上がっていませんでした。安全なところにクルマを止めてボンネットを開け、リザーブタンクをチェックしてみるとたしかに冷却水がかなり減っていました。

　つい数日前、山道を走ることを想定して冷却水を補充していたこともあり、どこからか漏れているかもしれないと下をのぞき込んでも漏れたような跡はありませんし、LLCの臭いもしません。冷却水を足して走ったところ、その後は警告灯が点くこともなく、無事に家までたどり着くことができました。

　翌日、リザーブタンクをチェックしてみると、やはり補充したはずの冷却水が減っています。オーバーヒートの兆候はありませんでしたから、大丈夫だとは思いましたが、ヘッドガスケットが破損して、エンジンオイルに水が混入しているのでは？　とエンジンオイルをチェック。しかし、これも大丈夫。

　ただ、冷却水を補充したときに、「ラジエターキャップがちょっと緩いな」と感じたことを思い出し、同じ車種を持っている友人にラジエターキャップを借りて1日走行したところ、冷却水の減少はなくなりました。

　そのラジエターキャップを返却するとともに、新品を注文して事なきを得ました。結構大事になるか？　と心配したのですが、比較的安価なパーツの交換で済んだというのは不幸中の幸いでした。

　私自身、それまでラジエターキャップの劣化によって冷却水が減ったという経験がなかったので、あまり重要視していなかったのですが、ラジエターキャップも消耗品だと改めて認識させられた体験でした。

　また、警告灯が点くほど冷却水が減っていればオーバーヒートの兆候があるだろう……という固定観念を持っていたのですが、オーバーヒートと冷却水の量がすぐに関係するわけではないということも再認識される機会となりました。

第3章

ハイブリッドエンジンとターボエンジン

Hybrid engine and turbo engine

1. ハイブリッドエンジン

ハイブリッド車の構造とメンテナンス

ハイブリッド車とは複数（現在は概ね2つ）の動力を持つクルマです。現在市販されているのは、内燃機関（エンジン）と電気モーターを組み合わせたものですが、いくつかの方式があります。

エンジンとモーターのハイブリッドには**シリーズ方式、パラレル方式、シリーズ・パラレル方式**があります。シリーズ方式は、エンジンは電力供給のためにある**EV（電気自動車）**といえるもので、現在の市販乗用車にはありません（図）。

■現在の市販車はパラレルかシリーズ・パラレル方式

パラレル方式を見ると、いちばんシンプルなハイブリッドは1モーター1クラッチと呼ばれるもので、エンジンとモーターが直接つながり、クラッチを挟んでトランスミッションがあるものです（図①）。この場合、一般的にモーターはエンジンのサポート役です。理論上はエネルギー回生やEV走行もできますが、エンジンを切り離せないのでフリクション（摩擦）となり、あまり効率が良いとはいえません。

そこで1モーター2クラッチという形式があります（図②）。これはモーターとエンジンをクラッチで切り離せるために、バッテリーに十分電力があるときにはEVとして走るなどの自由度があります。後方モーター方式もあります（図③）。ともにモーターが1つなので、発電しながら走るシリーズ方式にはできません。

より積極的に電気モーターで走らせるために、2モーター1クラッチというシステムがあります（図⑤）。これを「シリーズ・パラレル方式」と呼びます。シリーズ・パラレル方式というと、トヨタのプリウスが現在の代表格といえますが、じつはプリウスはちょっと独特な方法を用いています。トヨタの場合クラッチと変速機のない独自の「THSⅡ」という2モーター＋動力分割装置を採用しているのです（図④）。これは動力分割装置を使うことでエンジンだけ、エンジンで充電しながらモーターだけ、エンジンをモーターがサポートというパターンを使い分けることを可能としています。電力が十分な間はEVとなる**プラグインハイブリッド**もあります。

■ハイブリッドはバッテリーの寿命が心配?

ハイブリッドならではのメンテナンスというものは特にありません（適正な**エンジンオイル**の交換が前提）。ハイブリッドの要となる駆動用バッテリーの寿命については、初期のプリウスはニッケル水素バッテリーの交換が比較的早期に必要でしたが、バッテリーコストが下がりシステムの信頼性も上がっていて、バッテリーの寿命＝クルマの寿命という考え方もできます。

第3章 ハイブリッドエンジンとターボエンジン

ハイブリッドの代表的な方式

『ハイブリッド車の技術とその仕組み』
飯塚昭三著 グランプリ出版 31頁より

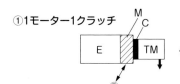

例：ホンダ・インサイト／シビック（ホンダIMA）

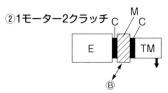

例：日産・フーガ／スカイラインHV

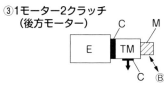

例：ホンダ・フィット（ホンダi-DCD）、
スバル・XV HYBRID

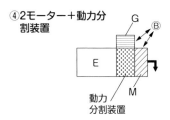

例：トヨタ・プリウスほか(トヨタTHS)

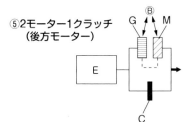

例：三菱・アウトランダー(三菱PHEV)、
ホンダ・アコードハイブリッド
（ホンダi-MMD）

E：エンジン　M：モーター　C：クラッチ
TM：トランスミッション　G：ジェネレーター
Ⓑ：バッテリーとの接続

POINT
- ◎1モーター1クラッチでは、モーターは基本的にサポートとして使う
- ◎1モーター2クラッチになると、EVとしても走れるシステムがつくれる
- ◎ハイブリッドでも、メンテナンスはエンジン車と同じ

1-2 ハイブリッド車の渋滞での燃費

「ハイブリッド車は燃費がいい」というのは、もはや常識のようになっています。特にハイブリッド車は渋滞やゴーストップの多い状況での燃費が良くなりますが、それには理由があります。

　内燃機関でいちばんムダなのは、渋滞や信号待ちでエンジンをアイドリング状態にして停車しているときです。移動することなしにエンジンを動かし、ガソリンや軽油を消費し続けているということになります。特に都内の一般道などを走っていると、クルマで移動している時間の半分以上を停車＝アイドリングしていたなどということもよくあります。

◾止まっているときにはガソリンを使わない時間ができるハイブリッド

　ハイブリッド車は内燃機関とモーターの混成となっていて、基本的にアイドリングストップ機能を持っています（内燃機関のみでもアイドリングストップ機能は可）。バッテリーの電力が少なくなればエンジンがかかりますが、それまで燃料噴射しないことによる燃費への影響は多大です（上・中図）。

　また、完全停止していないとしても、モーターでの走行や走行の補助を得られるということは、内燃機関の苦手な低回転域をモーターが補うため、慢性的な渋滞の状態にある都市の道路を走るときには、かなり効率が良くなります。逆に、高速移動については、得意とはいえません。モーターのメリットが下がり、減速して回生したり、停車して燃料噴射を止めるという特徴を生かせないからです。

◾エンジンの走行時は、パワーが小さく重いクルマになってしまう

　ハイブリッド車はエンジン、モーターの他に、駆動用のバッテリーを積むなど、クルマとしてはどうしても重くなりがちです。これをしのぐ上記のメリットは、エンジン＋モーターやモーターのみの走行が多くなればなるほど活かせますが、エンジンだけとなると、ローパワーの重い車となってしまいます（下図）。

　こうした面で、高速移動が多いヨーロッパなどでは、ハイブリッドが普及せずにディーゼルエンジンに目が向けられていたこともありました。現在では、高速走行でも高効率になるようなハイブリッドシステムも実用化されつつあり、さらにハイブリッド車の優位性は高くなるような気配です。

　ヨーロッパではフォルクスワーゲンによるNOxの不正問題などで、ディーゼルエンジンの優位性に逆風が吹いていますが、ディーゼルエンジンがこの状態を克服すれば、ディーゼルハイブリッドの可能性も残されているように思います。

ハイブリッド車のアイドリングストップ機能

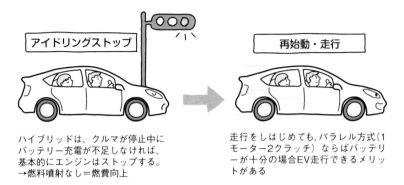

ハイブリッドは、クルマが停止中にバッテリー充電が不足しなければ、基本的にエンジンはストップする。
→燃料噴射なし＝燃費向上

走行をしはじめても、パラレル方式(1モーター2クラッチ)ならばバッテリーが十分の場合EV走行できるメリットがある

アイドリングストップの効果

多くの地方自治体でアイドリングストップ条例が実施されているが、神奈川県のアイドリングストップ啓発ちらしによると、次のような効果があるとされている(乗用車の場合)。

10分間のアイドリングで130mLほどの燃料を浪費 → 毎日10分間のアイドリングストップで1年間に約47Lの燃料を削減 → その結果
- CO_2排出量110kg削減
- ＋
- 燃料代約7000円の削減（1L＝150円として）

※CO_2排出量は二酸化炭素換算重量

ハイブリッド車のメリット・デメリット

ハイブリッド車には良い面、悪い面があるが、デメリットを改善したシステムも実用化されつつある。

メリット	デメリット
◎渋滞時など、低回転域で効率が良い(燃費が良い) ◎排気ガスの量が少ない ◎走行音が静か	◎高回転時の効率が悪い ◎車両重量が重い ◎同スペックのクルマに比較すると価格が高い

POINT
- ◎ハイブリッド車は基本的に停止中のガソリン消費がない
- ◎1モーター2クラッチならばEV走行が可能なので、低中速の街中の効率が良い
- ◎エンジンの負荷が高い走行になると、重いボディで小さいエンジンとなり不利

2. ターボエンジン

2-1 ターボ車の構造とメンテナンス

ひと昔前の大パワーをウリにするターボエンジンは影を潜めましたが、現在では燃費性能を上げるためのシステム「ダウンサイジングターボ」として増えてきています。

ターボエンジンとはエンジンの排気を利用してタービンを回し、その**タービン**と同軸上に付けられた**コンプレッサー**で強制的に吸気をさせてエンジン内に送り込むという装置です（上図）。吸気効率が良くなるので、同排気量の**NA（自然吸気）**エンジンよりも排気量アップをしたような性能になり、結果としてパワーが出ます。

ただし、パワーが出るといっても、**過給圧**をアップしていくと**ノッキング＝異常燃焼**（12頁参照）などの問題があり、エンジン本体の圧縮比を下げなければならないため、低中速回転域でトルクのないエンジンになってしまう傾向がありました。

◼ 現在は素のエンジンの性能を活かし、ターボで補助するという考え方に

CO_2削減が叫ばれるようになって、大パワーのターボエンジンは姿を消したかのように見えましたが、現在は「**ダウンサイジングターボ**」という形で復活してきています。これは、比較的小排気量のエンジンに補助的に小さめのターボ（タービン）が装着されているものです（下図）。

エンジンが小さくなると、それぞれのパーツが小さくなりますから、**フリクションロス**（摩擦による損失）の低減など良い面があります。ただし、小排気量にしただけではパワーの低下は避けられません。

そこでターボによる過給を行ないます。かつてのように高回転にならないと過給がかからないのではなく、低中回転からターボが効くような工夫がされ、エンジン本体の圧縮比も高くすることで、低速走行での扱いやすさと燃費の低減を考えています。

◼ メンテナンスのポイントは定期的なオイル交換

昔のターボエンジンは、特に高回転を多く使う場合オイル管理にかなり気をつかったのですが、現在はそれほど神経質になる必要はありません。メンテナンスのポイントは他のエンジンと同じと考えていいでしょう。

最低限やっておきたいのは、メーカーが推奨するサイクルでのエンジンオイル交換を行なうことです。とはいっても、特に外国車の場合、オイル交換のサイクルは1万km以上になっているものもありますから、かつてに比べるとやはり信頼性が高くなっていると考えられます。これには、自動車メーカーの「多すぎるオイル交換も環境破壊」という考え方が根底にあるといわれます。

ターボエンジンの構造

ターボは排気の高熱の圧力を使ってタービンを回す。その同軸上にあるコンプレッサーは強制的にシリンダーに吸気を行ない、事実上の排気量アップと同じ効果を得ることができる。

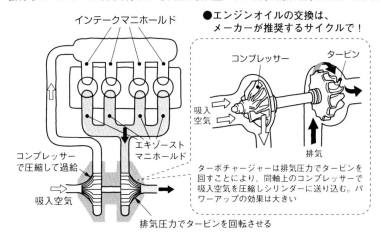

ダウンサイジングターボ

かつては、大パワーを得るためのターボというスタンスだったが、現在はエンジンを小さくして燃費を向上し、パワーの不足する分をターボで補う"ダウンサイジングエンジン＋ターボ"というスタンスで見直されてきた。

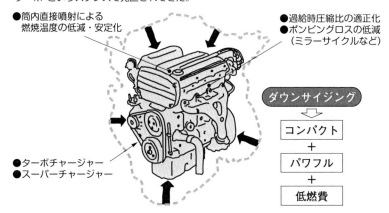

POINT
- ◎ターボはコンプレッサーで過給することで排気量アップの効果がある
- ◎かつては大パワーを得るためのチューニングパーツ的なものとして人気があった
- ◎現在は小排気量エンジンで、燃費の向上を果たすための手段として使われている

2-2 ターボ車のアフターアイドルとオイル管理

取扱説明書に「高速走行をした後は、数分のアイドリングをしてエンジンを切ってください」などの注意書きがありますが、現在のターボエンジンではかつてほど気にしなくなってきたといえます。

ターボの**タービン**は、軸部分はオイルの中に浸されるなど、冷却にはかなり気をつかわれていますが、**フルブースト**（最大加給圧）が掛かったときの排気側タービンの温度は900℃ともいわれ、かなり厳しい状態なのは間違いありません。

走行中ならば、オイルはオイルクーラーで温度を制御されていますし、冷却水もタービン周辺を回っていますから、自動車メーカーが設計したターボエンジンの場合、通常の使用でタービンが壊れたというのは特殊なトラブルだといえます。

▌いきなりエンジンを切ったときに起こりうるトラブル

問題になるのは、エンジンを切ったときです。もし、タービンが過熱した状態でいきなりエンジンを切ると、**ウォーターポンプ**（46頁参照）や**オイルポンプ**が止まってしまうため、タービンの冷却が不十分になり軸部のオイルが炭化したり、ハウジングにクラック（ひび割れ）が入るなどのトラブルがないとはいえません（上図）。そのため、高速（高負荷）走行をした後には数分アイドリングをしたのちにエンジンを切るというアフターアイドルが必要とされる場合もあります（下図）。

▌一般的な使用方法ではアフターアイドルに神経質にならなくていい

ただし、それはサーキットなどのアクセル全開走行を終えて、いきなりエンジンをストップさせるような特殊な状態で、一般走行している限りは、そういう状態を想定する必要はないといえます。余分なアイドリングは燃費を低下させるのはもちろん、排気ガスの問題もあるのでお勧めできません。

強いて言うならば、特にターボ車でスポーツ走行をする場合は、**エンジンオイル**にこだわったほうがいいでしょう。安価なエンジンオイルを使用するのではなく、信頼のおけるブランドのもので、粘度も10W－40程度まで、それ以上低粘度のものは避けたほうがいいでしょう。タービンを保護するための油膜をつくれない可能性があるからです。

一般走行では、他の車の流れや信号のゴーストップもあり、アフターアイドルが必要なほどにタービンが熱を持つというのはちょっと考えられません。かりにいきなりエンジンを切ってタービンが焼き付いたとすれば、それはアクセルの極端な踏み過ぎなどドライビングの問題といえるでしょう。

第3章 ハイブリッドエンジンとターボエンジン

● タービンやローターシャフトの状況

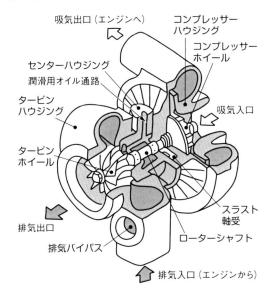

タービン（ホイール）は排気の熱による高温にさらされる。それとつながるローターシャフトにも熱が伝わり、高速で回転しなければならないという過酷な条件になる。ここの冷却はオイルによる部分が大きいので、ターボのオイル管理は特に重要になる。質の良いもの、粘度の低すぎないものを選ぶほうが安全。

● アフターアイドルを促す表示

●高速走行直後や登坂走行直後は、すぐにエンジンを停止しないでください。次の表にしたがってアイドリング運転を行ない、高温になったターボ装置を冷却してからエンジンを停止してください。

エンジン停止直前の走行状況	アイドリング運転時間の目安
高速走行、登坂走行	約1分（※）
市街地、郊外などの一般走行	不要

※アイドリングストップシステム装備車の場合、エンジンが自動停止するときはターボ装置が所定温度内にあるため、アイドリング運転は不要です。

クルマの取扱説明書にはアフターアイドルを勧める表示がある場合がある。基本的にこれに従えばよく、一般走行ではアフターアイドルは必要ない。神経質な？　ドライバーは市販のアイドリングタイマーを後付けしている場合もあるが、基本的には趣味の問題だ。

POINT
- ◎高負荷走行の後にはアフターアイドルを行なったほうが安全
- ◎一般走行後のアフターアイドルは燃費の悪化を招く
- ◎ターボ車はオイル管理（高品質、一定以上の粘度のものを使う）が重要

2-3 ターボ車のチューニング

過給圧アップ(ブーストアップ)をすればパワーが上げられるということで、さかんにチューニングが行なわれていますが、単にブーストアップしただけでは不都合なこともあります。

ターボは空気を過給するわけですが、ある程度の**過給圧**になったら**アクチュエーター**を作動して過給を制限しないと、エンジン本体のほうが**ノッキング**などで壊れてしまいます（上図、下図）。逆に考えれば、過給を上げればパワーが上がるということでもあります。つまり限界はありますが、パワーが上げやすいということです。

◤ VVCやEVCを装着すればブーストアップはできるが注意が必要

過給圧アップの方法としては、アクチュエーターを強化型に変更するのが手軽です。また、VVC（機械式過給圧コントローラー）やEVC（電気式過給圧コントローラー）というブーストコントローラーを装着する方法もあります。さらにパワーアップを望むならば、大径タービンに交換するという方法もあります。

ブーストをアップした場合には、ECU（エレクトロニック・コントロール・ユニット）の見直しも必要になる場合があります。ブーストが異常に上がっていると判断したECUが、燃料カット制御をしてしまうためです。そうすると**ブーストアップ**をした意味がなくなるばかりか、エンジンにもよくありません。その点EVCの場合は燃料カットの制御も同時にできる場合があります。

◤ 燃料カットしてしまう場合にはECU側の対策も必要になる

それ以外の対策としてはECUのロムの交換、サブコンピューターといわれる純正コンピューターを外部から電気的にコントロールする方法などがあります。本格的なチューニングとなると、純正コンピューターからフルコンとよばれる競技用コンピューターに交換する場合もあります。こうした作業はDIYでは難しいのでショップに頼むことになりますし、費用も多額になります。

メンテナンスの項でも触れましたが、こうなるとオイル管理もノーマルとは違った気のつかい方をする必要がでてきます。オイルの定期的な交換（たとえばレースごとの交換）が必要になり、ナンバー付きの車両であれば、サーキット以外では**タービン保護**のためになるべくブーストをかけないなどの気づかいも必要になります。

ブーストアップによるチューニングは、たしかにエンジン本体をチューニングするよりも手軽という面はありますが、安直にやると後悔することにもなりかねません。信頼できるショップなどとよく話し合って行なうことが必要です。

🔧 アクチュエーターが過給圧を制限している場合

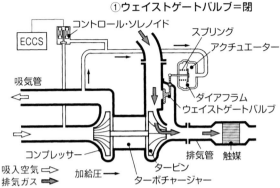

①では過給圧が規定値以下になっているため、アクチュエーターのスプリングの力によってウェイストゲートバルブが閉じている。②では排気圧力が高くなったことによりアクチュエーターのスプリングが押され、ウェイストゲートバルブが開いて、ブーストがかからないようになっている。このスプリングを強化してバルブを開きにくくすれば、ブーストが上げられる。

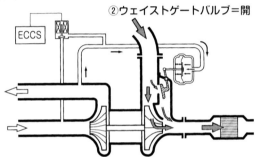

🔧 ブーストアップとノッキング

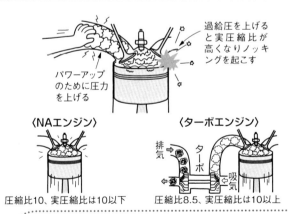

ブーストアップするとパワーが出る方向になるが、実質的に圧縮比が上がるのと同じになるので、おのずと限界がある。それを超えるとノッキング、最悪の場合エンジンブローなどの恐れがある。

POINT
- ◎ターボ車のブーストアップは、比較的簡単にできるチューニング
- ◎単にブーストアップするならアクチュエーターの強化、EVC利用などの方法がある
- ◎ブーストアップはエンジンやタービンへの負担が大きくなるので注意が必要

COLUMN 3

炎天下でも有効？
アイドリングストップの効用

　古いスポーツカー（外国車）で高速道路の大渋滞に巻き込まれたことがあります。水温が厳しいのはもともとわかっていましたから、あまり渋滞のなさそうな日時を選んだつもりでしたが、事故渋滞ではなす術がありません。折あしく気温30°を超える真夏日でした。

　のろのろでも走っていれば水温は上がらないのですが、途中からぴたっとクルマが動かなくなりました。当然、周りのクルマはエアコンをかけてエンジンからの熱気を発しています。さらにアスファルトからの照り返しもあります。水温計の針は中間から右側（H側）にだんだんと移動してきます。高速道路を降りたくても、出口まではまだかなりの距離があり、なす術がありません。

　しかし、考えてみればエンジンを切ってしまえば、それ以上水温は上がりません（冷却系が止まり一時的には上がります）。エアコンのないクルマなので、エンジンをかけておくメリットはありませんから、エンジンを停止しました。

　そのまま10分以上、クルマが動くことはありませんでしたから、その判断は正しかったのだと思います。それからクルマが動き出すごとにエンジンをかけて走る、動かなくなったらエンジンを切るというようなことを4、5回繰り返しているうちに事故現場を過ぎ、そこからはスムーズに進むことができました。オーバーヒートの前にエンジンを停止したのが正解でした。

　現代のクルマには当たり前に装着されているアイドリングストップを手動でやっただけなので、大したことではありませんが、考えてみると現代のハイブリッド車などアイドリングストップ機構を持ったクルマは、燃費が良いのはもちろん、エンジンの負担が少ないのではと思いました。

　かつては、渋滞時にボンネットから白煙を上げてオーバーヒートするクルマを見たものですが、そういう光景も少なくなりました。もちろん渋滞だけが理由ではないでしょうが、アイドリングストップ機構が普及したということは、トラブル減にも役立っているのかもしれません。

第4章

駆動系・クラッチとトランスミッション

Clutch and transmission

1. クラッチ

1-1 クラッチ関係のメンテナンス

MT車のシフトチェンジに必須のパーツとしてクラッチがあります。特にクラッチディスクはトランスミッションとエンジンをつなぐ際に摩擦が発生して消耗するのでメンテナンスが必要です。

　MT（マニュアルトランスミッション）装着車に使用される**クラッチ**ですが、**クラッチディスク**は摩耗するものですから、ある程度の距離を走ったら交換が必要になります。その断続を行なうスプリングを有する**クラッチカバー**も交換が必要になるパーツです（上図）。

　交換の目安の1つには走行距離がありますが、これはドライバーの操作や使用状況によって大きく異なります。ドライバーのクラッチワークが上手な場合には、10万km走ることも可能です。逆に必要以上にエンジン回転を上げて、半クラッチを長く使う場合は1万km程度でも交換となる場合があります。

▌クラッチの消耗はドライバーや使用条件で大きく異なる

　街中でゴーストップを繰り返す場合には摩耗が激しくなりますし、クラッチカバーのダイヤフラムスプリングも劣化しますが、高速道路などを中心に使用する場合で、走り出したらほとんどギヤチェンジしないとなると、クラッチの消耗は必然的に少なくなります。

　クラッチから**クラッチマスターシリンダー**までが機械的にワイヤーで動かされていた場合は、ワイヤー調整の必要がありましたが、現在は油圧式となり調整も不要になりました（次項の上図参照）。油圧式の場合、クラッチのミートポイント（つながりはじめる点）が上がってきたら交換時期が近いという1つの目安になります。

▌クラッチディスクが使用限度以上摩耗するとクラッチ滑りが発生する

　クラッチディスクが摩耗すると、最終的には**クラッチ滑り**が発生します。これは、クラッチカバーによってクラッチディスクが**フライホイール**に押し付けられていても、滑り止めの**フェーシング**（**摩擦板**）が摩耗しているために、フライホイールの回転が伝わらなくなり、エンジン回転が上がってもクルマが進まないという状態になるからです（上図、下図）。

　最悪の場合、クルマは立ち往生してしまいますから、気がついたときにすぐに修理が必要になります。交換作業はトランスミッションをエンジンから切り離し、クラッチディスクとカバーを取り外す必要があるので、DIYするには設備と技術を要します。基本的にはプロに依頼する作業となります。

第4章 駆動系・クラッチとトランスミッション

クラッチの構造と作動

クラッチは通常はつながっているが、クラッチペダルを踏むことによってフライホイールとクラッチディスクが離され、トランスミッションをエンジンからフリーにしてシフトチェンジをしやすくしている。ディスクの摩耗は操作の上手下手にかなり影響される。

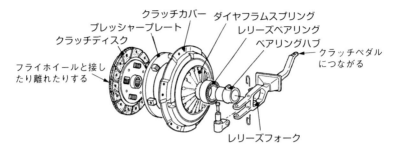

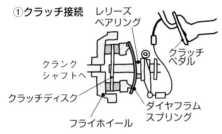

ダイヤフラムスプリングによってクラッチディスクをフライホイールに押し付ける

クラッチペダルを踏むとクラッチディスクが離れる

クラッチディスクの構造

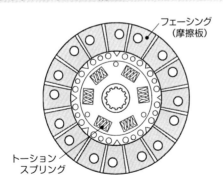

クラッチディスクの表面には、滑り止めのためのフェーシングを貼り付け、リベットで固定してある。また、中心部分にはトーションスプリングを挿入して回転のショックをやわらげている。

POINT
- ◎クラッチはクラッチディスク、クラッチカバーとも消耗パーツ
- ◎交換は必要だが、その時期はドライバーのクラッチ操作の熟練度で異なる
- ◎トランスミッションの脱着には習熟が必要なため、プロの仕事となる

1-2 クラッチマスターシリンダー、レリーズシリンダーのチェック

クラッチのメンテナンスというと、どうしてもクラッチディスクの摩耗の話が中心になりますが、その他にも気をつけたい部分があります。それがマスターシリンダー、レリーズシリンダーのチェックです。

クラッチが滑る場合には、走行距離などの目安があるものの、ある程度不可抗力の面がありますが、クラッチマスターシリンダーやレリーズシリンダーの不具合については、注意していれば事前に気づけることもあります。

◼ クラッチフルードが漏れるとクラッチが切れなくなる

現在、マニュアルトランスミッションの作動系統は油圧（**クラッチフルード**）によるものが多くなっています。クラッチを踏み込むと、マスターシリンダーによってクラッチフルードがパイピング内を移動し、レリーズシリンダーがレリーズベアリングを動かし、**クラッチカバーのダイヤフラムスプリング**によって、**クラッチディスクがフライホイール**より切り離されるという方式です（上図、前項上図参照）。

ワイヤー式の場合は、クラッチディスクが減ってくるとワイヤー調整が必要となりましたが、油圧式となったおかげでそれが不要になり、クラッチの踏力も軽くなりましたから、便利になった面はあります。

ただしクラッチフルードという液体を媒介とするために、今度は「漏れ」というトラブルが起きる場合があります。**クラッチペダル**とつながるマスターシリンダーのシーリング部分やマスターシリンダーによって動かされ、レリーズベアリングを動かすレリーズシリンダーが漏れの発生する部分となります（上図、下図）。

◼ ボンネットを開けたときにクラッチフルードのリザーブタンクをチェック!

最終的にはクラッチが切れなくなったり、クラッチに近いマスターシリンダーからの漏れの場合には、クルマの底面や足元がクラッチフルードで湿ったりして気がつくことになります。こうしたトラブルは、ボンネットを開けたときに、クラッチフルードが入っている**リザーブタンク**の量をチェックしていると、早期に発見できる場合もあります。

これはブレーキフルードのリザーブタンクと似たものです。こちらはブレーキパッドの減りとともに液面が下がりますから、即フルード漏れとはなりませんが、クラッチの場合は減っている場合には漏れの可能性が高いでしょう。

また、クラッチフルードもブレーキフルードほどではないにしろ水分を吸って劣化します。その場合には、フルード交換やエア抜きが必要となります。

第4章 駆動系・クラッチとトランスミッション

🔧 油圧式クラッチの構成

油圧式クラッチはクラッチペダルを踏むとまずクラッチマスターシリンダーが作動し、チューブ、ホース内をフルードが移動することによりレリーズシリンダーがクラッチを作動させる。

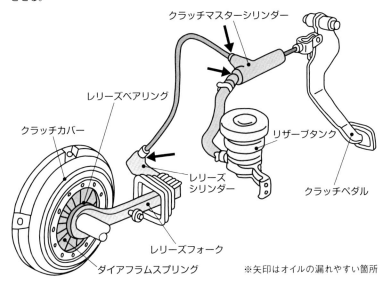

※矢印はオイルの漏れやすい箇所

🔧 クラッチマスターシリンダーとレリーズシリンダー

クラッチマスターシリンダー(左)は、クラッチペダルに直接押される。フルード漏れの場合は足元が濡れる場合もある。レリーズシリンダー(右)は、クラッチの近くに装着してレリーズベアリングを動かす。これもブーツ切れなどによりフルードが漏れる場合がある。

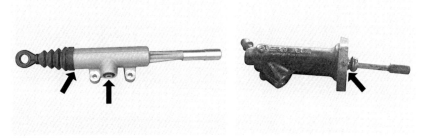

※矢印はオイルの漏れやすい箇所

POINT
- ◎油圧式クラッチの場合は、作動をフルードが媒介している
- ◎フルードはマスターシリンダーやレリーズシリンダーの劣化で漏れる可能性がある
- ◎クラッチフルードのリザーブタンクをチェックすることで未然に防げる

1-3 クラッチのチューニング

エンジンを大幅にチューニングしたレースカーなどは、エンジンパワーが上がった場合にクラッチの圧着力を強めないと、クラッチミートしたときに滑りが発生して駆動力をロスしてしまうことがあります。

クラッチのチューニング方法は**クラッチディスクのフェーシングの摩擦係数を高め**（64頁参照）、同時に**クラッチカバー**の圧着力を強化します。

クラッチディスクのほうは摩擦係数を高めるだけでなく、プレートの数を増やす場合があります。通常はシングルプレートなのをツインプレートやトリプルプレートにする方法もあります（上図）。材質も通常の非メタル（繊維を樹脂で固めたもの等）からメタル（銅等）製にする方法がとられることもあります。

▌強化クラッチは圧着力が強いが重くなる

ただし、クラッチを強化するといっても、プレート数を増やしたり、金属製にするとこんどは慣性マスが大きくなってしまい、クラッチの切れ不良を起こし、かえってシフトチェンジ時に弾かれたり、トランスミッションに負担をかけることがありますから、ちょうどいい具合が求められるといえるでしょう。

クラッチを切れば通常はトランスミッション側はエンジンの回転からフリーになりますが、クラッチディスク自体が重いと、トランスミッションのメインシャフトの回転が落ちにくく**シンクロメッシュ**（78頁参照）に負担を与えるという面もあります。

2WDの場合、いくらクラッチを強化しても、結局路面とタイヤがスリップしてしまえば、そこで駆動力が逃げてしまうので、クラッチ強化の重要度は下がります。それはクラッチの負担が減ると言い換えることもできます。

4WDの場合は、路面とタイヤがスリップしづらいので、駆動力の逃げ場がなく、それはクラッチにかかってきます。この場合、クラッチ強化は必須といっていいでしょう（下図）。そのような状態で半クラッチを多用するような走りを繰り返していると、ノーマルクラッチのままでは、クラッチの滑りが早く発生するようになります。

▌強化することで寿命が伸びるわけではない

競技用の**強化クラッチ**は、クラッチの寿命を長くする意図から製作されているわけではないということにも注意が必要です。極端にいえば1レースだけ十分なクラッチの圧着力が得られれば良いわけで、寿命は短くても圧着力が強ければ良いという意図のもとにつくられているからです。日常でメタルクラッチを使用すると、材質によっては半クラッチがしづらくなり、扱いにくくなる場合もあります。

第4章 駆動系・クラッチとトランスミッション

ツインプレートクラッチとトリプルプレートクラッチ

モータースポーツではクラッチディスクをシングルではなくツインとしたものやトリプルとしたものが使用される。これは耐久性を増すというよりも、強力なエンジンパワーにクラッチが負けないようにすることを意図したもの。クラッチカバーも強化されるとクラッチ踏力が重くなることもある。

①ツインプレートクラッチ　　②トリプルプレートクラッチ

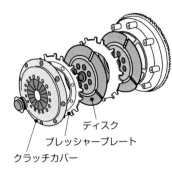

ディスク
プレッシャープレート
クラッチカバー

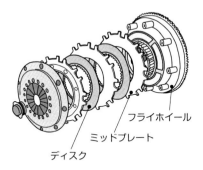

フライホイール
ミッドプレート
ディスク

強化クラッチの有効性

基本的にはチューニングエンジンを想定しているが、4WD車をスポーツ走行させる場合、エンジンがノーマルでも強化クラッチは有効だ。

POINT
- ◎シングルプレートクラッチで駆動伝達力が足りない場合、強化クラッチを使用する
- ◎駆動力は強くなるが、クラッチ自体が重くなることでのデメリットもある
- ◎耐久性よりあくまでも競技での性能を考えたもので、日常で使うには不便

2. トランスミッション

トルクコンバーターの構造と特徴

現在、一般的なクルマのトランスミッションは9割以上AT（オートマチックトランスミッション）となっています。そのATの基本となるのがトルクコンバーターです。

ATはエンジンとトランスミッションを**トルクコンバーター**を介してつないでいます。後に解説する**MT**（マニュアルトランスミッション）はここを乾式クラッチでつないでいるのが異なる点です。トルクコンバーターは一種の**流体クラッチ**で、難しいといわれるMTのクラッチ操作なしで、アクセルを踏み込むだけで発進、走行できるというメリットがあります（上図）。

■トルクコンバーターは単なるクラッチではなくトルクの増幅作用を持つ

トルクコンバーターがただの流体クラッチと違うのは、トルクの増副作用が行なわれるからです。トルクコンバーターの中身をもう少し詳しくみると、ポンプインペラー、タービンランナー、ステーターというパーツからなっています（下図①）。

ポンプインペラーはエンジンの動力によって回転します。**タービンランナー**はポンプインペラーが回転することによってATフルード（オイル）を介して回転し、トランスミッション側となりタイヤへ出力する側となります。

では**ステーター**は何をしているのかというと、ポンプインペラーがタービンランナーを回転させると、ATフルードがタービンランナーから再びポンプインペラーに戻ってくるとき、ポンプインペラーの回転を妨げる方向になるので、ATフルードの流れを整え、ポンプインペラーの回転トルクを上げる方向に変えます（下図②）。

このトルク増幅作用があるおかげで、たとえば坂道発進などでアクセルをぐっと踏み込んだときにトルクが増幅され、力強く登坂することが可能になります。

■トルクコンバーターのみでは不足する面を副変速機が補う

ただ、これだけではエンジンとトランスミッションがダイレクトにつながっているわけではないために、伝達ロスが生まれるのは避けられません。そのために現在のATは**ロックアップ機構**※を設けて、走行状態によって直結にすることが多くなっています。

さらにATはトルクコンバーターのトルク増幅だけでは十分なトルクが得られないので、副変速機を使ってギヤチェンジをします。初期のATでは2速や3速という少ない段数でしたが、現在では7速から9速と多段化する傾向にあります。これについては次項で解説します。

※ ロックアップ機構：エンジンの回転を必要に応じてトルクコンバーターを通さずに直接伝えるシステム

第4章 駆動系・クラッチとトランスミッション

🔧 トルクコンバーターのイメージと特徴

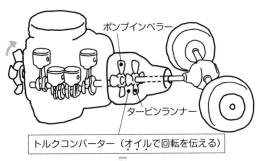

トルクコンバーターはエンジンの入力をトランスミッションに伝えるための流体クラッチの役割を持つ。クラッチ操作が不要なためにイージードライブが可能になる。

⬇

A/Tの特徴はトルクコンバーターがあればこそ
①エンジンが回っていてもブレーキを踏めば止まっていられる
②坂道発進の際、後ろに下がらない
③変速時、クラッチを切る必要がない

🔧 トルクコンバーターのしくみ

①トルクコンバーターの断面図

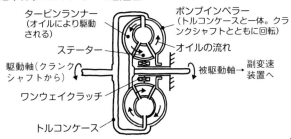

ポンプインペラーはエンジンにつながり入力側、タービンランナーは副変速機につながり出力側となる。増幅作用を担うステーターにはワンウェイクラッチが設けられ、逆回転しないようにしてある。

②ステーターの役割

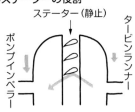

ステーターはオイルの流れをポンプインペラーの回転を助ける方向に変える

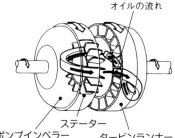

POINT
◎ATはトルクコンバーターがあることによって、クラッチ操作が不要になる
◎トルクコンバーターはATフルードを介して動力を伝達する
◎ステーターがATフルードの流れをコントロールすることで増幅作用が起きる

071

ATの副変速機の構造

ATの副変速機は基本はプラネタリーギヤセットを使用したものです。内面に歯を持つリングギヤの中心にサンギヤがあり、その間にプラネタリーピニオンが収まる形になります。

プラネタリーギヤは、サンギヤ、リングギヤ、プラネタリーキャリアの3つをギヤとして考え、どれかを固定し、どれかから入力すると残りの1つから出力し、増速したり減速したり、逆回転（バック）したりという作用をします（上図①）。

■どれを固定してどれを回すかで出力がさまざまに変わる

たとえばプラネタリーキャリアを固定してサンギヤを右に回す（入力）と、リングギヤは左回転（出力）してバック（リバース）が可能になります（上図②左）。

また、サンギヤを固定してプラネタリーキャリアを右に回す（入力）と、リングギヤは増速（出力）しますから、シフトアップしたのと同じことになるわけです（上図②右）。

減速する場合は、サンギヤを固定してリングギヤを右に回す（入力）と、プラネタリーキャリアが減速（出力）するのでシフトダウンと同じ効果が得られます。

こうしたことが可能になるには、ATの中にシフトチェンジ用のブレーキやクラッチを設け、それらを適宜作動させることが必要です。かつてはアクセル踏み込み量とスピードのバランスにより油圧でシフトバルブを動かして行なっていました。

■シフトチェンジは油圧を利用して自動的に行なわれる

単純にいえば、アクセルの踏み込み量が多くてもスピードが低い加速時には、アクセル側の油圧によってバルブが閉じていてシフトアップしません。次第にスピードが高くなってくるとアクセル側の油圧系路とバルブを挟むように設けられたスピード側の油圧が高くなり、アクセル側の油圧とバランスします。ここでバルブが開きシフトアップするというようなイメージです。こうしたアナログな方式では精密な制御が難しく、コンピューター制御によってATは大きく進化したといえます。

もともとATは**トルクコンバーター**によってトルク増幅が可能なので、3速ATなど少ないギヤ段数でもいいとされてきました。

ただ、現在ではトルクコンバーターに頼るのではなく、多段化することによって、エンジン自体のトルクの厚い部分を使い効率よく走れる方向に変わってきており（下図）、6速、8速、最近では9速などと多段化が進んでいます。これらも多くはプラネタリーギヤを組み合わせたものとなっています。

🔩 プラネタリーギヤの構造と作動

①構　造

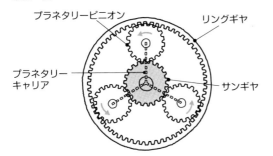

プラネタリーギヤは、入力、固定する場所によって、出力が逆になったり、減速したり、直結（1：1）になったり、増速したりすることができる。この組合せによってドライバーのクラッチ操作なしに変速が可能となる。

②作　動

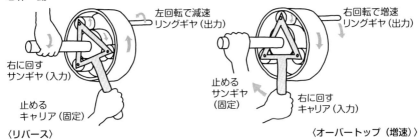

🔩 詳細な副変速機の構造の一例

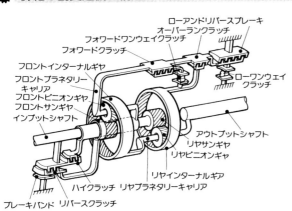

ATは初期の2速ATから徐々に多段化が進み、現在では6速や8速、中には9速などというものまで存在する。プラネタリーギヤセットを2つや3つ並べ、それらの入力経路の連結、固定などの組合せによって、さまざまな出力が可能となっている。

POINT
- ◎副変速機の変速はプラネタリーギヤのコントロールにより行なう
- ◎コントロールは、油圧や電子制御によるブレーキ、クラッチが自動的に行なう
- ◎性能向上、燃費向上のためにATも多段化が進む方向となっている

2-3 CVTの構造と特徴

CVT（連続可変トランスミッション）もATの一種といえます。副変速機を用いたATが基本的にはギヤチェンジをしているのに対し、CVTはギヤチェンジをせずに変速が可能となっています。

CVT（Continuously Variable Transmission）の変速は、2つのプーリーの外径を無断階に変化させることによって行なっています。プーリーの間はベルトが介する形です。ギヤがある部分は別にして、イメージとしては自転車のペダルにつながる回転部分とタイヤ側の回転部分につながるチェーンの関係に近いものです（上図）。

■ プーリーの幅を変えることでベルトのかかる直径を変化させる

プーリーにはベルト溝があって、ここにベルトが挟み込まれるわけですが、ベルトがスムーズに動くためにテーパー状になっています。走行状態によって2つのプーリーは間隔が広くなったり狭くなったりします。これでベルトのかかる部分の直径が変化するというわけです。入力側を**プライマリープーリー**、出力側を**セカンダリープーリー**と呼びます（下図）。

たとえばスタート時に大きな駆動力が必要な場合にはプライマリープーリーの間隔が広がり、ベルトが深く入り込みます。逆にセカンダリープーリーの幅を狭くするとベルトは浅い位置でプーリーにかかることになり、減速される代わりに強いトルクが得られます。

逆にプライマリープーリーの幅が狭くなり、セカンダリープーリーの幅が広くなると、出力側のトルクは減りますが増速されるためにエンジンは低回転で高速走行が可能になるというわけです。

■ 比較的ローパワー車に採用される例が多い

ただし、高出力なエンジンの場合にはベルトの滑りなどが起きやすいという面があり、現在でも軽自動車やコンパクトカーなど比較的ローパワーな車種に採用される例が多くなっています。

CVTのメリットは「無断階変速」ということで、ATで感じられるようなシフトショックがありませんし、スムーズな加速が可能となります。ロスが少なく燃費も向上します。

CVTもスタートのためにクラッチ操作をする必要がないのはATと同様です。この部分は電磁クラッチを用いたり、トルクコンバーターを用いたりと自動車メーカーの考え方によって異なる部分となっています。

CVTの考え方

CVTは自転車に乗っているときのことを思い出してみるとわかりやすい。プーリーAを小さくし、プーリーBを大きくすれば、トルク(回転力)が大きくなるため、スピードは出ないが坂道が上がりやすくなる。逆にプーリーAを大きくプーリーBを小さくすれば、坂道を上がるためには力が必要になるが、スピードが出る方向となる。

CVTのしくみ

CVTではプーリーの直径を変えるのに、ベルトがかかる溝の幅を油圧でコントロールする方法を取っている。溝の幅が狭くなればベルトは浅くかかるため直径が大きくなり、幅が広くなればベルトが深い位置でかかるようになるため直径は小さくなる。こうして入力側と出力側の変速比を連続的に変化させている。

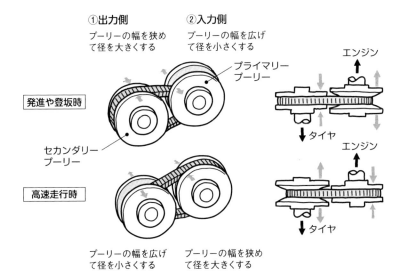

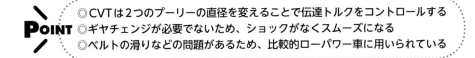

- ◎CVTは2つのプーリーの直径を変えることで伝達トルクをコントロールする
- ◎ギヤチェンジが必要でないため、ショックがなくスムーズになる
- ◎ベルトの滑りなどの問題があるため、比較的ローパワー車に用いられている

2-4 ATのスポーツ走行とメンテナンス、チューニング

ATはスポーツ走行に向かないと言われていたのはかつての話です。特にスポーツカーに搭載されたATを使いこなせば、ドライバーがMTを操作するよりも速く走れるというケースも増えています。

　たとえばスポーツモードが設定されたATなどでは、加速したときにレブリミット（エンジンの許容回転数の限界）いっぱいまでエンジンを回してからシフトアップし、コーナーに備えた減速時にはブレーキを踏み込んでいるだけで、自動的に最適なギヤにシフトダウンしてくれるような機構もあります。

▌ATのマニュアルモードはMTに劣らない楽しさを気軽に体験できる

　また、それではつまらない？　という人の要望に応えるように、マニュアルモードでセレクターレバーやパドルシフト（ステアリンググリップ付近にあるレバーやボタンを操作してギヤチェンジするシステム）によりギヤチェンジすることができるものもあり、走る楽しさという面でもMTに勝るとも劣らないようになってきました（上図）。

　少数派とはいえ、実際にサーキット走行やジムカーナ走行などをATで楽しむ層もいて、MTに伍して走っているので、「AT＝街乗り専用」という時代はすでに過去のものになったといえます。

　さらにCVTはシフトチェンジという概念自体がありませんから、状況にもよりますが同じ車種ならMT車よりも速いタイムが出るケースも見受けられます。

▌ATフルードは劣化するが、交換するには専門家との相談が必要

　ATのメンテナンス、チューニングとして一般的にできる唯一の方法は、ATフルードの交換（選択）ということになるでしょう。トルクコンバーターを介している以上、そこでトルク伝達のロスが出ますので、ノーマルよりも高性能（粘度の高い）なものに交換するのが一般的な手法になります（下図）。

　ただ、これもむやみに硬くしてしまうと、ギヤチェンジの際のショックが大きくなるなどの弊害もあり、行なうには専門家との十分な相談が必要となる部分です。

　ATフルードも劣化するので、交換をすることが必要となりますが、現実的には新車時から廃車時までそのままということも多いようです。

　また、古いATのフルードを交換するとかえってトラブルを誘発する場合も多いようです。そういう意味ではもし常にATをベストの状態で乗りたいのなら、新車時から定期的な交換をするというのがベターな方法となります。

第4章 駆動系・クラッチとトランスミッション

マニュアルモード付きのAT

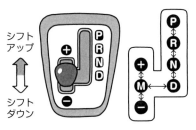

ATでもDレンジ以外を積極的に使うマニュアルモード付きが多くなっている。図のようにセレクターレバーで連続的に変速したり、手もとのパドルシフトで変速できるものもあり、機能的だ。

ATフルードの交換の必要性

ATフルードは、トルクコンバーターの媒介だけでなく、プラネタリーギヤセットの潤滑、冷却、油圧伝達などに使用されているため劣化する。これをスポーティなものに変更するというチューニングもある。

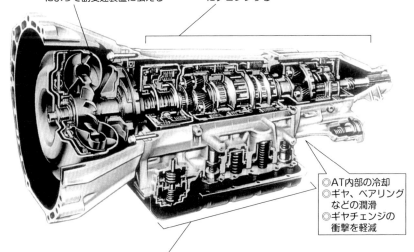

トルクコンバーター
エンジンの回転をATフルードによって副変速装置に伝える

副変速装置（プラネタリーギヤセット）
ATフルードの油圧によって適切なギヤにチェンジする

○AT内部の冷却
○ギヤ、ベアリングなどの潤滑
○ギヤチェンジの衝撃を軽減

油圧制御装置（コントロールユニット）
ATフルードの油圧によってAT各部を作動させる

POINT
- ◎ATは制御の進歩によりスポーティな走りに対応できるものも増えた
- ◎マニュアルモードのあるATなら、より楽しくスポーティ走行が可能
- ◎ATフルードの交換はチューニングと考え、専門家との相談が必要

MTの構造と特徴

MT（マニュアルトランスミッション）は手動によるギヤチェンジをすることができます。ATに比べてシンプルで軽量、コスト的にも安いため広く使われていました。

MTは、必要なときに素早く（運転技術にもよりますが）、自分がベストと思えるギヤにチェンジできるため、スポーツドライビングなどでは好まれます。

◼ 常時噛み合い式では、スリーブをシフトレバーで動かして変速する

構造を簡単に説明すると、前進6速ギヤなどの場合には、トランスミッション内部で1速から6速までのギヤがすでに組み合わされた状態にされています。

つまり「ギヤチェンジする」といっても、実際には組み合わされたギヤのどれかを選ぶという構造になっているということです。こうした構造を「**常時噛み合い式**」と呼びます。かつてはギヤ自体が動くものがあり「選択摺動式」と呼ばれましたが、現在では見られません。

ではシフトレバーを動かすと何が動くのか？　ということになりますが、これは**スリーブ**（ハブスリーブ）が動きます。自分が選択したいシフトポジションにシフトレバーを動かすと、スリーブがシャフトとあらかじめ組み合わされたギヤを固定することにより、エンジンからの入力がトランスミッションから出力されるという形になります（上図）。

◼ シンクロメッシュによる回転の同期がスムーズなギヤチェンジに必要

ちなみにスポーツカーなどでは「**クロスレシオ (close-ratio) トランスミッション**」が採用されていることもあります。

これは、各ギヤのギヤ比を近くしているものです。ギヤ比が離れていると、シフトアップしたときにエンジン回転が大きく落ち込み**トルクバンド**（もっとも効率良くトルクを出せる回転域）から外れてしまうことがあります。それを防ぐためにギヤ比を近づけ、回転の落ち込みを少なくするという意図があります。

ギヤチェンジの際にクラッチを切りますが、一旦エンジンからの動力を切り離してやることによって、トランスミッション内部のスリーブに余計な負担をかけることなく**シフトチェンジ**できるようにするためです。

また、スリーブの回転を同期させる（タイミングを合わせる）ための装置として**シンクロメッシュ**を用いることによって、よりスムーズなシフトチェンジが可能となるような配慮もされています（下図）。

第4章 駆動系・クラッチとトランスミッション

常時噛み合い式トランスミッションのしくみ

シフトレバーを動かすということはスリーブ（ハブスリーブ）を動かすということ。スリーブは、各ギヤの間を動くことができ、メインシャフトと任意のギヤの組合せを連結することにより、デフへと出力することで状況に応じたトルク伝達を可能としている。

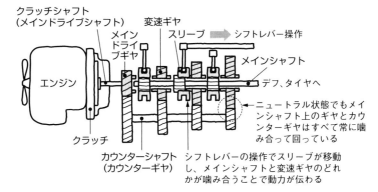

シンクロメッシュ機構の考え方

スリーブが移動する際に、各ギヤセットに回転差が生じていると、スムーズに連結できずに弾かれたり、場合によってはスリーブが破損することがある。それを防ぐシンクロメッシュは摩擦で回転を合わせることでシフトチェンジをスムーズに行なうことができる機構。

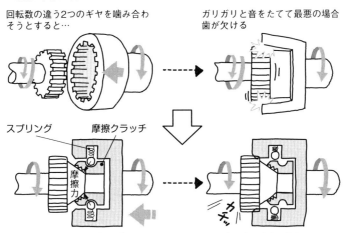

POINT
- ◎MTは任意のギヤを選んでシフトチェンジすることができる機構
- ◎ギヤチェンジというが、ギヤを動かすのではなくスリーブを動かしてギヤを選ぶ
- ◎スムーズにギヤチェンジができるようにシンクロメッシュが設けられている

MTのチューニング

MTはさまざまなモータースポーツ仕様車に搭載されてきたので、競技に適したチューニング方法があります。主にクロスレシオ化や、ドッグクラッチ式トランスミッションへの変更などがあります。

　MTのチューニングとして最初に上がるのが**クロスレシオトランスミッション**の採用になります。これは前項で述べたように新車時にそのような仕様になったものもありますが、実際にレースやラリーなどの競技で使用する場合には、さらにクロスレシオ化が必要になる場合があります（上図）。

◾**クロスレシオトランスミッションは、専用品が市販されている場合もある**

　競技で活発に使用される車種の場合には、メーカー系のチューニングパーツディビジョン（オプション）やチューニングパーツメーカーで設定されることもあり、そういうものに交換するというのが一般的な方法となります。また、同一形式のトランスミッションで違うギヤ比の設定がある場合には、それをもともとのギヤと交換することで**クロスレシオ化**できる場合もあります。

　競技専用となると、**ドッグクラッチ**を使用したトランスミッションが市販されていることがあるので、それを使用するという方法もあります。これはハブスリーブに**シンクロメッシュ**がなく、その代わりに丈夫なドッグ（dog）歯を用いたものです。まさに犬の歯のようにがっちりと食いつくために、エンジン回転とトランスミッションの回転が合っているという前提条件はありますが、ダイレクトなシフトができます（中図）。

　シンクロメッシュがないためにシンプルであり、トランスミッション自体が軽量となるというのもメリットです。

◾**ドッグクラッチ式とシーケンシャルを組み合わせる方法もある**

　さらにドッグクラッチ式トランスミッションの場合には、シフトパターンを**シーケンシャル方式**にするという手段もあります。これはH型のシフトパターンを押したり引いたりというIパターンにすることで、シフトチェンジのミスを減らしたり、シフトチェンジの時間を短縮する効果があります（下図）。

　MTは**トランスミッションオイル**によってギヤやスリーブを保護しています。通常の使い方ではあまりオイルの交換は重要視されませんが、競技で使用する場合には、性能の良いオイルを定期的に交換する必要があります。それについては86頁で解説します。

第4章 駆動系・クラッチとトランスミッション

クロスレシオ化の一例

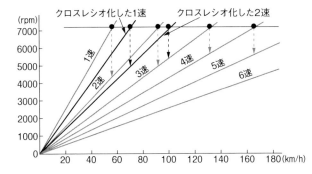

1速、2速を3速に近づけてクロスレシオ化している例。結果的に1速から3速までのギヤ比が近くなっているため、ノーマルに比べるとシフトアップしたときの回転が高く保て、トルクバンドがキープできる。合わせてファイナルギヤをローギヤードにすれば、より高回転が保てる。

ドッグクラッチ式トランスミッション

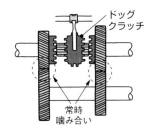

ドッグクラッチはシンクロメッシュを持たないが丈夫なドッグ歯があるために、クラッチを踏まないなど、ある程度手荒に扱ってもシフトチェンジができる。回転を合わせればスムーズにシフトチェンジが可能。シンクロメッシュ機構を持たないためにシンプルで軽量になる。

シーケンシャル式シフト

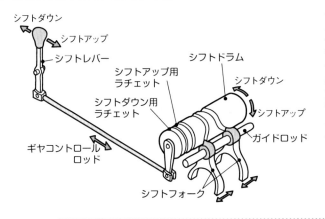

プル(引く)とプッシュ(押す)でシフトアップ、シフトダウン操作ができるシーケンシャル式シフト。図はドラムを用いたもの。基本はバイクのシフトペダルと同じになる。H型シフトをシーケンシャルシフトに変えるパーツも市販されている。

POINT
- ◎クロスレシオ化により、シフトアップ時の回転を効率的にキープできる
- ◎ドッグクラッチ式ミッションは、素早いシフトチェンジができ軽量となる
- ◎シーケンシャル式シフトは、引く、押すの操作でシフトチェンジが可能となる

3. デフとLSD

デファレンシャルギヤの役割

3-1　クルマがカーブを曲がる場合、内側のタイヤと外側のタイヤでは走る距離が違うことになります。そのときに役立つのがデファレンシャルギヤ(デフ)です。

　FRの場合、エンジンによって駆動するリヤタイヤはプロペラシャフトの回転を後ろまで持ってきて、90度方向転換してタイヤを回します。カーブに合わせてハンドルを切り込んでも、フロントタイヤは内側と外側のタイヤはつながっていないので問題ありませんが、リヤタイヤは一見すると一本の棒でつながっているように見えます。実際にそうだとすれば、走行距離に差が出てスムーズにカーブが曲がれませんし、駆動系の大きな負担にもなります（上図）。

■デフで駆動輪の回転差をつけてスムーズにカーブする

　デフは駆動輪に回転差をつけて、スムーズにカーブできるようにする装置です。デフの内部にはタイヤとつながる**サイドギヤ**と、それらをつなげる**ピニオンギヤ**、ピニオンギヤが装着される**ピニオンシャフト**があります（中図）。

　直進しているときは、デフケースに装着された**ファイナルギヤ**が回転し、ピニオンギヤは回転せずにサイドギヤを連結して左右輪は回転差のない状態になります（下図①）。カーブで内輪と外輪の回転差が生まれるとサイドギヤが回転し、ピニオンギヤが回ります。外輪がカーブに合わせて多く回ろうとすると言い換えてもいいでしょう。すると反対側のサイドギヤはピニオンギヤの自転によって逆回転しようとします。ただ、ファイナルギヤによってピニオンシャフトは進行方向に回転しているので、実際には内輪は逆回転ではなく遅れて回る形になります（下図②）。

　FFの場合もこれと同じで、フロントに駆動力を伝える左右のドライブシャフトはフロントに装着されたデフにつながっており、左右の回転差を吸収しています。フルタイム4WDの場合には、タイヤとつながるデフが2つと、プロペラシャフトの回転差を吸収するセンターデフが1つの合計3つのデフが必要になります。

■1輪がスリップすると、駆動力が伝わらなくなるという欠点もある

　デフは非常にシンプルながら賢い装置ともいえるのですが、1つ弱点があります。それは、片輪がスリップ（空回り）すると、もう片輪にも駆動力が伝わらずに、進まなくなってしまうということです。一般走行ではほとんど問題になりませんが、雪道などではこれでは不都合となります。そのために次項で説明するLSDが必要とされる場合があります。

第4章 駆動系・クラッチとトランスミッション

クルマの旋回とタイヤの関係

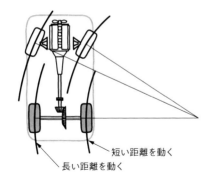

カーブではタイヤは内側、外側、前輪、後輪で違う円を描く。特に駆動輪ではエンジンパワーを受けているために、左右の回転差をつけないとスムーズに曲がれず、駆動系にも負担となる。

デフのしくみ

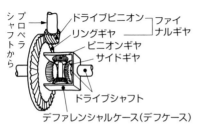

①立体的な模式図

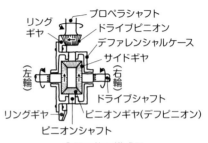

②平面的な模式図

デフの構造と差動

直進時は、ファイナルギヤとともにピニオンシャフトが回転し、ピニオンギヤは自転しないため、サイドギヤに回転差は生じない。カーブでは、外側のタイヤが早く回ると内側はピニオンギヤの自転で逆回転しようとするが、ピニオンシャフトはリングギヤとともに回転しているため、実際には回転が減る形になり、回転差が生じる。

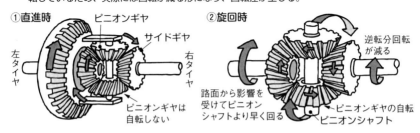

POINT
◎カーブではクルマのタイヤに回転差を与えないとスムーズに曲がれない
◎デフは、駆動輪に回転差を与えることができるシステム
◎サイドギヤ、ピニオンシャフト、ピニオンギヤの動きにより回転差が生まれる

3-2 LSDの種類と構造

LSDとはLimited slip differentialの頭文字を並べたもので、現在のスポーティな車種では標準やオプションで装備されていることも多くなりました。これはノーマルのデフの欠点を補うものといえます。

前項で解説したノーマルデフの場合は、片輪がスリップしてしまうと、もう片方の車輪にも駆動力が伝わらず、クルマが前に進まないという現象が起きます。これを防いでくれるのが**LSD**（リミテッドスリップデフ）です。日本語では**差動制限装置**といいますが、LSDにもいくつかの種類があります。

■デフケースの内部にクラッチプレートを設けたものが一般的

古典的なLSDは**湿式多板式LSD**です。クラッチプレート式とも呼ばれます。これはLSD内部の**クラッチプレート**（フリクションプレートとフリクションディスク）の摩擦によって差動制限をするものです。デフに駆動トルクが伝わると、ドライブシャフトに連結されたカムがプレッシャーリングを押し開き、クラッチプレートを圧着することで左右輪を直結にするような働きをします（上図）。

この場合、加速、または減速時のトルクが伝わったときに差動制限をするので**トルク感応式LSD**に分類されます。ただし、このままだと片輪がスリップするとトルクが伝わらないということではノーマルデフと同じです。そのため、コーンスプリング（板を円錐状にして弾力を持たせたスプリング）などを内蔵して、ある程度の差動制限をかけておきます。これをイニシャルトルクと呼びます。これによって雪道などで片輪がスリップしたときの脱出などに対応できるようにしているのです。

■トルセン式、ビスカスカップリング式などもある

トルク感応式には他に、**トルセンLSD**や**ヘリカルLSD**と呼ばれるものがあり、これらは歯面やハウジングによる摩擦でLSD効果を生み出すものです。

もう1つ**ビスカスカップリング式LSD**と呼ばれるものがあります。これはシリコンオイルの粘性を利用したもので、回転速度差が発生したときに差動制限が発生するためにトルク感応式LSDに対して**回転差感応式LSD**と呼ばれています。湿式多板式がクラッチプレートの摩擦でしっかり効くのに比べると、粘性を利用しているということで効き自体は弱めになります（下図）。

ただ、一般的に降雪地帯などで使用する分には十分な能力を発揮しますし、4WDのセンターデフに用いることで、前輪と後輪の回転差を上手に吸収しますからフルタイム4WDには欠かせないパーツとなりました。

第4章 駆動系・クラッチとトランスミッション

湿式多板式LSD（トルク感応タイプ）

湿式多板式LSD（クラッチプレート式）は、トルクがかかるとピニオンシャフトのカム部がプレッシャーリングを押し広げ、クラッチプレートを押し付けることで作動する。駆動力の伝達は、単純化するとリングギヤ→デフケース→プレッシャーリング→多板クラッチ（クラッチプレート）→サイドギヤ→ドライブシャフト→タイヤとなる。

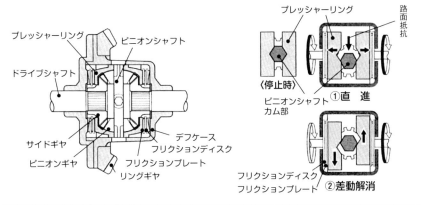

ビスカスカップリング式LSD（回転差感応タイプ）

ビスカスカップリング式はシリコンオイルの粘性によって差動制限がされる。トルクに関係なく、左右のタイヤの回転差が生まれたときに差動制限するために回転差感応式と呼ばれる。メーカーオプションや4WDのセンターデフなどに多く用いられてきた。

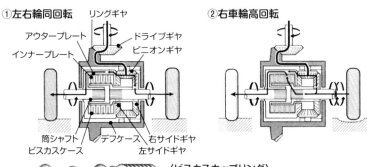

POINT
- ◎LSDはノーマルデフの欠点を補う作用がある
- ◎湿式多板式は、トルクでクラッチプレートが摩擦することにより作動する
- ◎ビスカスカップリング式は左右のタイヤに回転差が生まれたときに作動する

LSDのメンテナンス

3-3 湿式多板式LSDの場合はクラッチプレートが摩擦により熱を発するため、デフオイルの管理が重要になってきます。FFなどのトランスアクスルでは特に注意が必要です。

湿式多板式LSDの場合には、クラッチプレートの摩耗があり、効きが弱くなったらオーバーホールが必要となります。また、クラッチプレートは発熱によるオイルの劣化が生じるため、デフオイルも定期的な交換が必要となります。

▰トランスミッションとデフが一体となったものは定期的にオイル交換

特にFFなどのトランスアクスル（トランスミッションとデフが一体化したもの）は、トランスミッションオイルがデフオイルを兼ねることになります。そのため、オイルの劣化はトランスミッションのトラブルにもつながる部分なので注意が必要です。トルク感応式LSDでもトルセンLSDやヘリカルLSD（メーカーオプションなどで装着されるものが多い）などは、オイル交換は必要なものの、消耗部品はありません（上図）。

LSD未装着の場合は、デフオイルの交換はほとんど必要ありません。新車時から廃車時まで無交換ということも現実的にはあると思います。湿式多板式LSDが装着されたFRのリヤデフのオイル交換は使い方によりますので一概には言えない部分ですが、数千kmでの交換が推奨されます。

▰湿式多板式LSDのオーバーホールはプロの仕事

気をつけなければいけないのは、FFなどでトランスミッション内にデフが装着されている場合です。先ほども述べましたが、これはLSDの発熱のためにオイルが劣化するとトランスミッションオイル自体も劣化してしまいます。また、操舵輪とデフがつながっているため、回転差が生じやすく、操舵しないリヤデフよりもLSDが効いている状態が多くなり、LSDにとってもオイルにとっても過酷な状態といえます。モータースポーツで使用する場合には、エンジンオイル交換2回に対して1回のペースで交換などといわれる場合があります。

LSD本体のオーバーホールは、ミッションやデフを車体から外して分解し、フリクションプレートとフリクションディスクを交換する作業が必要になります。また、プレートの枚数によってイニシャルトルクの効き方を調整するために、組んでトルクレンチで図り、合わなければ再び分解し……という作業が必要になるため、DIYで行なうのは難しい作業になります（下図）。

第4章 駆動系・クラッチとトランスミッション

🔧 FR車、FF車のLSDの位置

①FR車専用デフ

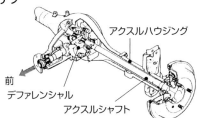

②FF車専用デフ

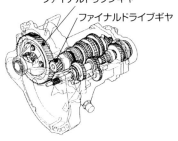

LSDはデフの中に組み込まれる。FRの場合はリヤデフの中に組み込まれ、オイルはLSD対応のものを入れる。この場合、比較的硬いオイルで耐熱性も持たせられる。FFの場合はトランスミッションオイルと共用になるために、硬いオイルが使いづらく、交換もFRの場合よりはこまめに行なう必要がある。

🔧 湿式多板式LSDの構造

LSDはノーマルデフと同じく、ピニオンギヤ、サイドギヤなどの他に、フリクションプレート、フリクションディスク、プレッシャーリング、ピニオンシャフトに設けられたカムなどから構成されている。特にフリクションプレートとフリクションディスクは摩擦が発生する部分のために摩耗が起き、効きが弱くなったらオーバーホールが必要となる。

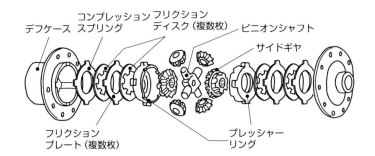

> **POINT**
> ◎ビスカスカップリング式LSDは基本的にはメンテナンスフリー
> ◎湿式多板式LSDは、エンジンオイル2回に1回程度の割合で交換が必要
> ◎LSDのオーバーホールは分解してプレートとディスクの交換が必要

087

COLUMN 4

クラッチレリーズシリンダーからの
フルード漏れで立ち往生

　ある日、クルマに乗り込んでエンジンを始動する前にクラッチを踏み込むと、クラッチペダルが戻ってきません。足元をのぞいてみると奥側に張り付いたようになっています。ダメだとわかっていても、手で元の位置にクラッチペダルを戻し、もう一度踏んでみても同じこと……。

　ボンネットを開けてクラッチフルードのリザーブタンクを見てみると液面がかなり減っています。試しにクラッチフルードを足して、何度かクラッチペダルを踏んだり戻したりしていると、クラッチが作動するようになりました。「これでなんとか修理できる場所まで走ろうか？」と思ったりもしましたが、翌日にクラッチを踏んでみるとまた前日のとおりになってしまいます。

　走っている途中でクラッチがなくなってしまってはどうしようもありませんから、自力走行はあきらめロードサービスを手配をして友人のガレージまでクルマを運び込みました。そこで改めてクルマの下にもぐってチェックしてみると、クラッチレリーズシリンダーのブーツからフルードが漏れていました。

　それまでこうしたトラブルは経験したことがなかったので、まったく無警戒だったのもいけなかったのだと思います。ブレーキフルードの漏れには気をつけていても、クラッチフルードまでは……という感じでした。

　本文でも触れていますが、MT車に乗っている方は、たまにはクラッチフルードも気にしてみるといいと思います。量の問題もそうですが、ブレーキフルードほどではないにしろ劣化しますし、エアを噛むこともあります。

　エア抜きをするとクラッチのフィーリングが良くなったり、ミートポイントが変わったりするので、クラッチディスクの消耗か？　と思っていたのが、意外と元に戻ったりすることもあります。

　ブレーキのエア抜きをする機会があるのなら、クラッチフルードもついでにという感覚でいいのではないかと思います。ブレーキのエア抜きの際に余ったフルードを使い切るという意味でも良いのではないでしょうか。

第5章

操縦系・ステアリングとサスペンション

Steering and suspension

1. ステアリング

ステアリング機構の種類と構造

ハンドルを回すことによってタイヤの角度が変わりカーブを曲がることができますが、この当たり前なことが可能になるのはステアリング機構があるからこそです。

ステアリングを回すとその回転がステアリングギヤボックスを介してタイロッドにつながり、それが左右に動かされることでハンドルが切れるというのが、**ステアリング機構**の全体像です。

以前はボールナット式という方式が主流でしたが、現在は主にラックアンドピニオン式になっています。まず、簡単にボールナット式に触れておきます。

■ボールベアリングが入ったナットがシャフトで移動するボールナット式

ボールナット式はステアリングを回すと、ステアリング（ウォーム）シャフトに球形のベアリングが入ることによって動きやすくされたボールナットが動き、それとギヤで噛み合ったセクターが回転します。その回転が**タイロッド**に伝えられることでステアリングを切ることができるようになっています（上図）。

ベアリングがあるために後述するラックアンドピニオン式よりはハンドルを軽くすることができるメリットなどもありますが、パーツが多くなったり、操作時のダイレクト感に欠けるということで、現在はラックアンドピニオン式が主流となってきました。

■ラックアンドピニオン式はシンプルでダイレクト感がある

ラックアンドピニオン式はボールナット式に比べると大分シンプルな構造をしています。ステアリングシャフトの先端には**ピニオンギヤ**が装着され、それが**ラックギヤ**とかみ合っています。ピニオンギヤの回転でラックギヤが左右に移動して、ナックルアームと連結されたタイロッドが動くことによってタイヤに角度がつけられます（下図）。

ボールナット式に比べるとダイレクト感があることから、もともとスポーツカーに多く用いられていましたが、現在はほとんどのクルマがこの方式をとっています。これはダイレクト感とトレードオフの関係ですが、ハンドルが重くなりキックバックも大きい傾向になります。

ステアリングの重さに関しては、ボールナット式、ラックアンドピニオン式ともに油圧式パワーステアリングや電動式パワーステアリングを用いることで改善を図っています。それらについては次項で解説します。

第5章 操縦系・ステアリングとサスペンション

ボールナット式の機構

かつて主流だったボールナット式。ステアリングを回すとウォームシャフトが回転する。ボールが入ったボールナットが移動することによってセクターが動き、セクターシャフトの動きがタイロッドにつながる。

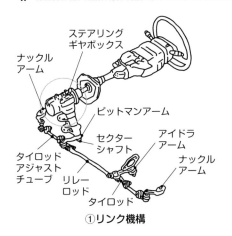

①リンク機構

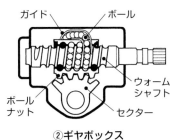

②ギヤボックス

ラックアンドピニオン式の機構

ラックアンドピニオン式はステアリングシャフトを回転させると、ステアリングギヤボックスのピニオンギヤが回転し、ラックギヤを移動させることでタイロッドが左右に動く。タイロッドエンドのボールジョイントがタイヤの装着されるハブナックルを移動させて、ステアリング操作が可能となっている。

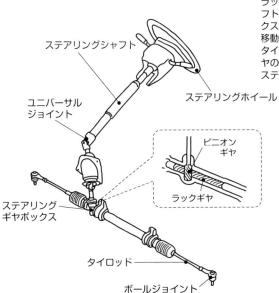

POINT
- ◎ステアリング機構にはボールナット式とラックアンドピニオン式がある
- ◎ボールナット式は比較的ハンドルを軽くできるが複雑でダイレクト感に欠ける
- ◎ラックアンドピニオン式はダイレクトかつシンプルで、現在の主流となった

1-2 油圧&電動パワーステアリングの構造

車庫入れなど、低速で大きくハンドルを回さなければいけない場面でアシストしてくれるパワーステアリング（パワステ）には油圧式と電動式があり、それぞれ特徴があります。

　スタンダードな**油圧式**パワーステアリングは、エンジンのクランクシャフトの回転を利用してオイルポンプを駆動するものです。それがどのように操舵力をアシストするかというと、たとえば**ロータリーバルブ式**の場合、オイルはローターハウジング内のコントロールバルブ（ロータリーバルブ）を介して、ステアリングギヤボックスのパワーシリンダーにつながるようになっています（上図）。

▌油圧式ではハンドルを切ることでオイルの通路がコントロールされる

　コントロールバルブ（ロータリーバルブ）はトーションバーを介してステアリングシャフトと連動しており、ハンドルを切るとトーションバーがねじれ、パワーシリンダーの中にオイルが流れ込み、片側のパワーピストンを押す作用をします。こうして油圧が発生することで、軽い操舵力でもハンドルが切れるわけです（上図②③）。

　トーションバーを利用しているために、ハンドルを大きく切るとそれだけ流れるオイルの量も多くなり、アシストも強くなります。逆に直進状態のときには、オイルは左右のシリンダー室を循環しているだけなので、サポート力は働きません（上図①）。

　以上はロータリーバルブ式の説明になりますが、他にもピニオン軸の回転反力を利用するスプールバルブ式や、ボールナット式のステアリング機構ではフラッパーバルブ式などが用いられます。

▌電動式ではハンドルを切ることでセンサーが働きモーターが回る

　電動式パワーステアリングの場合は、トルクセンサーを利用してモーターのアシスト量を伝えます。ハンドルを切ったときにトーションバーがねじれた力をトルクセンサーが感知し、ECU（エレクトロニック・コントロール・ユニット）を通じてモーターに電流が流れて必要なだけ操舵力がアシストされます（下図）。油圧式パワステがエンジンの動力を利用するために、パワーロスの問題から小排気量車には負担が大きかったのが、直接エンジン動力を使うわけではない電力でアシストできるために、軽自動車などで主に使われ、その後大型車にも普及しています。

　油圧式に比べると操舵感が不自然になるなどともいわれましたが、現在では普及が進むとともに機構も進化しており、自然なフィーリングとなってきました。

第5章 操縦系・ステアリングとサスペンション

✿ 油圧式パワーステアリング

エンジンを動力としてオイルポンプを駆動し、その油圧をアシストに使う。代表的なロータリーバルブ式ではステアリングシャフトを回すとローターハウジング内のコントロールバルブ（ロータリーバルブ）が開閉されることにより、パワーシリンダー内のピストンを押す作用が生まれる。

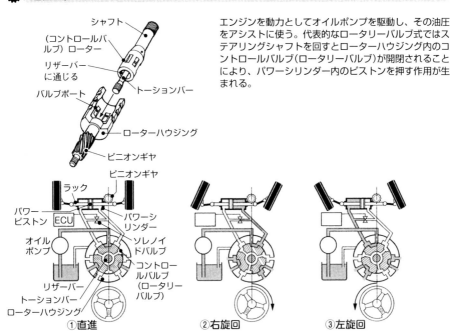

✿ 電動式パワーステアリング

電動式ではハンドルを切るとトルクセンサーがそれを感知。ECUからの指令によりモーターが適宜回転して操舵力をサポートする。その他エンジン回転、車速などにより適度な重さが得られる工夫がされている。

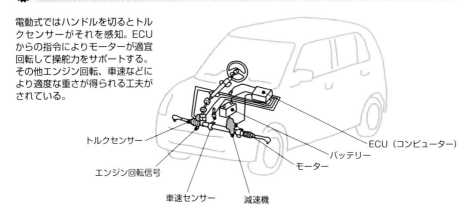

> **POINT**
> ◎パワーステアリングにより、腕力を必要としないでハンドルを回すことができる
> ◎油圧式はエンジンによりポンプを駆動し、舵角に応じて油圧でピストンを動かす
> ◎電動式は舵角をセンサーが感知、ECUの指令によって電動モーターが駆動される

1-3 ステアリング系のメンテナンスと良くない使い方

ステアリング系は現在のクルマではあまり気をつける部分がなくなりましたが、それでも若干の要注意事項があります。一般的には油圧パワステの場合のパワステオイル、それといわゆる「据え切り」です。

パワーステアリング装着車の場合、基本的なところでは**パワステオイル**（フルード）の交換があります。これは「何ヶ月に一度」など定期的に行なうというよりは汚れていたら交換ということになります（上図）。パワステオイルは基本的には**ATF**（オートマチックトランスミッション用フルード）ですが、メーカーによっては指定されている場合もあるので、まずそのチェックが必要です。

◼ パワステ全量交換ではエア抜きが必要

交換は、パワステオイルのリザーブタンクからスポイトでフルードを抜き、その後新しいパワステオイルを入れるという作業になります。全量を交換するには、パワステホースもすべて外して行う必要がありますから、かなり大掛かりになるため、基本的にはプロの仕事となります。

ちなみに全量交換をした場合には、パワステオイルの**エア抜き**も必要になります。これは新しいフルードを入れたのちに、フロントをジャッキアップして4、5回ハンドルを左右にいっぱい切ります（**ロックトゥーロック**）。その後、エンジンをかけてロックトゥーロックを行ない、パワステオイルが規定値より減っていれば継ぎ足すという方法になります。

◼ 据え切りはステアリング系やタイヤの負担を考えると避けたいが……

いわゆる「**据え切り**」はなるべく避けるのが基本です。パワーステアリングを装着していないクルマに乗るとよくわかるのですが、停車したままでハンドルを切るとかなりの力が必要な場合があります。

ハンドルが重く感じるということは、ステアリング機構に負担がかかっているということでもありますし、動かないで転舵するということは、タイヤの接地面の一部分だけを摩耗させるということでもあります。少しでもクルマが動いている状態ならば負担が軽くなります（下図）。

ただ、矛盾するようですが、自動車メーカーなどでは駐車時などの据え切りを推奨している場合もあるようです。それは過去に比べればステアリング機構の強度も上がっているということもあるでしょうし、何よりも、動いていることにこだわるあまり、安全に駐車できないと本末転倒になってしまうからだと考えられます。

第5章 操縦系・ステアリングとサスペンション

パワステオイルの交換

パワステオイルは汚れていたら交換する。リザーブタンクの中から抜いて、再び入れるだけならば簡単な作業。基本的に減るものではないので、もしチェック時に減っていたら、どこかから漏れていることも考えられる。この場合はプロにチェックを依頼したほうがいい。

据え切りのステアリング機構への影響

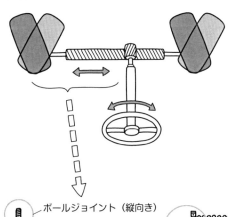

ロックトゥーロックを据え切りのままで行なうとステアリング機構への負担やタイヤの偏摩耗の原因となる。駐車時のステアリング操作などでは注意が必要。ゆっくりクルマが動いている状態で行なえば負担はかなり軽減する。

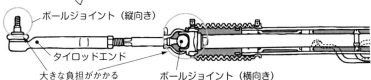

POINT
- ◎パワステオイルは汚れていたら交換が必要になる
- ◎据え切りはクルマの負担につながるため、できるだけ避けるのが基本
- ◎安全な駐車時の操作とクルマの負担を比べれば、優先させるのは前者となる

2. サスペンション

サスペンション機構の種類と構造

サスペンションはクルマの乗り心地を改善したり、車体を支えたり、タイヤの接地性を高めるための重要なパーツです(上図)。それだけに、サスペンションの種類と構造を知っておく必要があります。

　クルマでいちばん単純なサスペンションは、左右輪をつなぐシャフト（アクスル）をフレームから独立させて動くようにしたものです。これを**車軸懸架式**（**リジッド式**）**サスペンション**と総称します。アクスルとフレームの間にスプリングを介することでタイヤからの衝撃がボディに直接入るのを防ぐようにするわけです（下図①）。ただスプリングだけでは振動がいつまでも収まらないためにショックアブソーバーを合わせて装着します（112頁参照）。

▮ 車軸懸架式はシンプルだが、左右の動きが連動してしまう

　この形式は、シンプルで丈夫というメリットがありますが、片側のサスペンションに入力があった場合、もう片側も連動して動いてしまうというデメリットがあります。また、駆動輪でない場合には、左右がつながっている意味もありません。そこで、操舵をする前輪に**独立懸架式**（**インディペンデント式**）**サスペンション**が採用されるようになりました。現在では後輪にも多く採用されています。

▮ 独立懸架式はダブルウイッシュボーン式やストラット式がある

　独立懸架で代表的なものが**ダブルウイッシュボーン式**と呼ばれるものです。これは、ボディ（フレーム）から左右それぞれに**アッパーアーム**と**ロワアーム**が装着され、車輪側にはハブナックルが取り付けられます。この場合、上下はアッパーアームとロワアーム、左右はボディとハブナックルという丈夫なパーツによって構成されることにより強い剛性が確保できます（下図②、99頁上図参照）。

　もう1つの代表的な方式に**ストラット式**があります。これは左右それぞれにロワアームがあるのはダブルウイッシュボーン式と同じですが、アッパーアームはなく、ボディ（タイヤハウス上部）にストラットがつながる形式となります（101頁下図①参照）。

　ストラットとは具体的にはショックアブソーバーとスプリングが一体となったユニットです。部品点数が少なく、特にフロントに採用した場合にはエンジン搭載スペースが広く取れるメリットがあります。現在の乗用車のフロントサスペンションの主流となっています。次項から、それぞれのサスペンション形式について詳しく解説していきます。

第5章 操縦系・ステアリングとサスペンション

サスペンションの役割

サスペンションの役割には①乗り心地を良くする、②車体を支える、③路面への接地性を高めるなどがある。サスペンションの性能によって、乗り心地はもちろんクルマの操縦性のかなりの部分が決定づけられる。ファミリーカー、スポーツカー、商用車などそれぞれの用途に適したサスペンションが選ばれることになる。

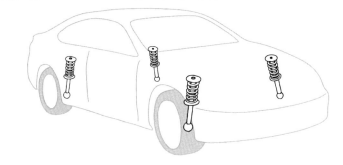

車軸懸架式と独立懸架式

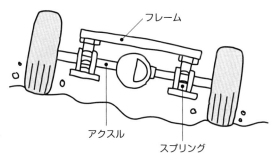

①車軸懸架式
古典的な車軸懸架式といえるリーフスプリング（108頁参照）を採用したリジッド式。左右がアクスル（車軸）でつながっているために、路面が傾いていると車体も傾くことになる。

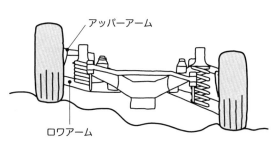

②独立懸架式
独立懸架式で代表的なダブルウイッシュボーン式。路面が傾いても左右のサスペンションが別々に動くことで車体の傾きが少なくなることや、前から見たときのタイヤの左右方向への傾きの変化が少ないというメリットがある。

POINT
- ◎サスペンション性能は乗り心地やタイヤの路面への接地性に大きく関わる
- ◎形式には車軸懸架式（リジッド式）と独立懸架式（インディペンデント式）がある
- ◎性能、コストなどにより個々のクルマに相応しいサスペンションが装着される

2-2 ダブルウイッシュボーン式及びマルチリンク式

独立懸架式サスペンションの代表といえるダブルウイッシュボーン式は、アッパーアームとロワアーム、ハブナックルで構成され、スプリングとショックアブソーバーで衝撃を吸収します。

ダブルウイッシュボーン式は、アッパーアームとロワアームにウイッシュボーン（鳥の胸骨）に似たAアームが使われることからこの名称がつけられました。現在では必ずしもAアームではなくIアームなどで構成されることもあります（上図）。

■アッパーアーム、ロワアームの長さ、配置で設計自由度が高い

メリットは上下のアームがボディ側、**ハブナックル側**にしっかり接続されて支えられるので剛性が高くなり、かつ設計自由度も高くなることです。ダブルウイッシュボーン式はスポーツカーに採用されるというイメージがありますが、現在ではわりとふつうに乗用車にも採用される例が多くなってきました。

デメリットの主なものは、部品点数が多くなりコストが上がること、また特にフロントに採用する場合には、エンジンがあるためにスペースが制限され形状に工夫が必要になることです。

■アッパーアームよりロワアームを長くすることでトレッド変化を抑える

ダブルウイッシュボーン式はアッパーアームとロワアームが等長の場合には、サスペンションが動いてもタイヤの**キャンバー**※変化が理論上は起きず、接地面が垂直に保たれて接地性が維持されるという特徴があります。

ただし、これは理論上のことで、実際にはロワアームを長くします。等長とするとサスペンションが動くと左右の**トレッド変化**が大きく起きますから、操縦性にもタイヤの摩耗にも良い影響を与えません（中図）。

その対策として、通常はアッパーアームよりもロワアームを長くする方法が取られているのです。こうするとタイヤのキャンバー変化は起こりますが、トレッド変化を少なくすることができます。

■ダブルウイッシュボーン式が進化したマルチリンク式

マルチリンク式も基本的にダブルウイッシュボーン式の一種と考えられます。これは、リンクの配置や長さ、さらにはブッシュの変形なども計算に入れ、これらをバランスさせることにより、アライメント（あらかじめ設定されたタイヤの取り付け角度）変化を制御することで、より高性能なサスペンションを目指したものです。メーカーによって構造やしくみが違ってきます（下図）。

※　キャンバー：フロントからクルマを見たときのタイヤの傾き（103頁下図②参照）

第5章 操縦系・ステアリングとサスペンション

ダブルウイッシュボーン式の構造

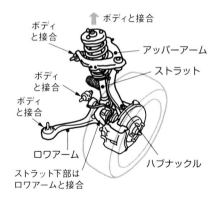

ダブルウイッシュボーン式のサスペンションの例。アッパーアーム、ロワアーム、ハブナックルで構成される。このタイプではストラット(スプリング+ショックアブソーバー)下部がロワアームに、上部がボディと結合することによって衝撃を吸収、収束させる。

ダブルウイッシュボーン式の動き

アッパーアームとロワアームを平行等長にしてしまうと、実際には不都合が起きる。ロール時にはボディとともにタイヤが傾き、バウンド時にはトレッド変化が起きる。そのため車輪側を広く、アッパーアームをロワアームより短くすることによって対応している。

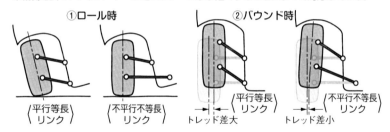

①ロール時　②バウンド時

マルチリンク式

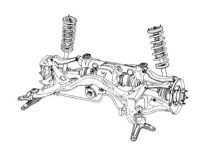

マルチリンク式もダブルウイッシュボーン式の一種といえる。一歩進んで、ブッシュの変形を効果的に使い、外力によるアライメント変化を防止するのが目的とされる(116頁参照)。上下アームを分割したり、4、5本のリンクで構成される。

POINT
◎ダブルウイッシュボーン式は、サスペンション剛性も設計自由度も高い
◎アッパーアームをロワアームより短くすることでタイヤの接地を適正化させる
◎マルチリンク式はリンクの工夫やブッシュの変形により接地性を高めている

2-3 ストラット（マクファーソンストラット）式

現在、軽自動車からスポーツタイプのクルマまで広く採用されているストラット式は、ダブルウイッシュボーン式と比較するとアッパーアームが不要というのが最大の特徴です。

この形式では、ボディ（フレーム）からは左右に**ロワアーム**が出ています。ロワアームのハブ側にはストラット（支柱）の下端部がつながります。ストラットの上端部はボディのタイヤハウス付近に固定されることになります。ボディを**アッパーアーム**として使うという言い方をすることもありますが、正確にはアッパーアームをストラットに置き換えたものです（上図）。

■ショックアブソーバーをサスペンションの一部として使用する

では**ストラット**というのは具体的には何かというと、**スプリングとショックアブソーバー**のことです（下図①）。ストラット式の場合にはショックアブソーバー一体型のシェルケースにショックアブソーバーの外側にかぶせるようにスプリングを装着します。

アッパーアームがいらないということで、エンジンを横置きに搭載する際などにもスペースが広く取れるメリットがあります。そのためFF車のほとんどはフロントサスペンションにストラット式を採用しています。

■ダブルウイッシュボーン式に比べると剛性と自由度で劣る面がある

ストラット式は部品点数も**ダブルウイッシュボーン式**に比べて少なく、合理的ではありますが、ショックアブソーバーがサスペンションの一部を担うというところがデメリットとなります。なぜなら剛性が低くなるからです。コーナリングでサスペンションが動いて横力がかかると、本来スムーズに動かしたいショックアブソーバーのピストンロッドに負担がかかって、その動きを阻害します（112頁参照）。

それを軽減するために、ストラットの中心からスプリングの装着位置をオフセットさせることにより（**スプリングオフセット**）、スプリングの反力を使う方法も用いられています（下図②）。

その他のデメリットは、ダブルウイッシュボーン式に比べるとサスペンション設計の自由度が低いことです。

リヤサスペンションに採用される場合には、**トー変化**※を積極的に利用して操縦性・安定性の向上を図る工夫も取り入れられています。これはリンクの配置や長さ、ブッシュの変形などを利用するものです（116頁参照）。

※ トー変化：上から見たときの進行方向に対するタイヤの角度の変化。前向きだと曲がりやすく、後ろ向きだと直進安定性が高まる傾向となる

第5章 操縦系・ステアリングとサスペンション

● 4輪ストラット式の例

4輪ともにストラット式のサスペンションを採用した例。フロントはアッパーアームが不要で、タイヤハウス上部にストラットが接続することになるためにスペースが広く取れる。横置きエンジンなどで有利。リヤに採用した場合にはフロントよりロワアームを長くできるためにトレッド変化(99頁中図参照)を抑えられる。

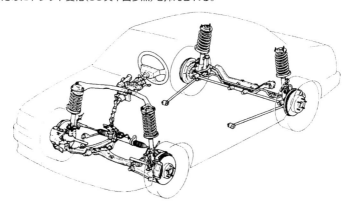

● ストラット式の構造とスプリングオフセット

ストラット式サスペンションは、基本的にロワアーム、ストラット、タイヤが装着されるハブナックルで構成される(図①)。ストラット上部はボディと結合する。ボディロール(左右に傾く動き)をするとストラットに折り曲げる力がかかるため、スプリングオフセット(図②)を採用することにより、曲げる力に対する反力を与える対策が取られる。

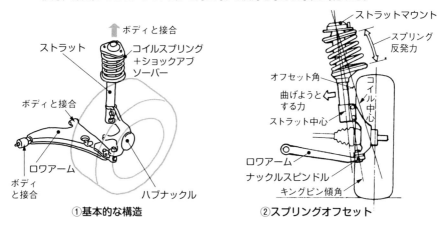

POINT
- ◎ストラット式は独立懸架式の中でも部品点数が少なくシンプルなのが特徴
- ◎ダブルウイッシュボーン式に比較して剛性が劣るのがデメリット
- ◎スプリングオフセットはストラットに対する横力を弱めるための工夫

2-4 その他の独立懸架式サスペンション

独立懸架式（インディペンデント式）というとダブルウイッシュボーン式やマルチリンク式、ストラット式が主ですが、それ以外にも方式があり、それぞれに工夫が重ねられてきました。

フルトレーリングアーム式やセミトレーリングアーム式はリヤに用いられるサスペンション形式で、これも**独立懸架式**となります。ともに**リヤアクスルメンバー**から左右別々にトレーリングアームが伸びます。**フルトレーリングアーム式**はアームがまっすぐ後ろに伸びるため、アームが上下に動いても**トー変化**（100頁参照）や**キャンバー変化**（98頁参照）がない代わりにホイールベース（タイヤ間の距離）の変化が大きいものとなります（上図①）。

▎セミトレーリングアーム式はかつての高級車のリヤサスペンションの主流

セミトレーリングアーム式はリヤアクスルメンバーの取り付け部に角度をつけ、サスペンションが動いたときにトー変化、キャンバー変化がついてしまうものの、ホイールベースの変化を少なくしたものといえます（上図②）。

この変化を上手に使えば、旋回時の操縦性・安定性を高めることが可能になります。それはサスペンション形式だけの問題ではなく、ブッシュなどの動きも合わせて可能になるものです（116頁参照）。

上記2つのサスペンション形式は、乗り心地が良くなる傾向もあります。突起などがあった場合、サスペンションがバンプ（上方向に動く）して衝撃を吸収しますが、**トレーリングアーム式**では、バンプするとともに、車輪が後退するように動くためにさらに衝撃を吸収する働きがあるのです。

そのために、セミトレーリングアーム式は高級車のリヤサスペンションに好んで使われる傾向がありましたが、マルチリンク式（98頁参照）も同じような特性を持たせられるようになり、現在は少数派となってしまいました。

▎スイングアクスル式も初期の独立懸架として用いられた

現在ではあまり見られなくなりましたが、初歩的な独立懸架に**スイングアクスル式**があります。リヤ駆動の場合、リヤデフからドライブシャフトが伸びます。**車軸懸架式**（リジッド式）の場合は、ここをホーシングというパーツで固定してしまうのですが（次項参照）、そうではなく上下に動けるようにすることで、独立懸架としています。ただし、車輪側のジョイントは可動式ではないために、キャンバー変化が大きく操縦性・安定性という面では劣るものとなってしまいます（下図）。

第5章 操縦系・ステアリングとサスペンション

フルトレーリングアーム式とセミトレーリングアーム式の違い

フルトレーリングアーム式はアームの取り付け位置がまっすぐなのに対して、セミトレーリングアーム式は角度がつけてある。そのため、フルトレーリングアーム式ではタイヤの動きが単純な上下動になり、キャンバー変化はないがホイールベースが変化する。セミトレーリングアーム式では、トー、キャンバー角はつくが、ホイールベースの変化を抑えられる。

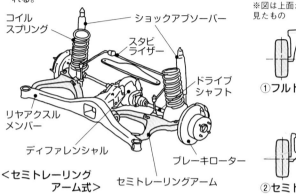
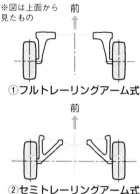

スイングアクスル式の構造と動き

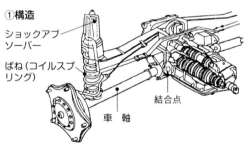

スイングアクスル式サスペンションの例。車軸はデフの付け根から上下に可動することができる。ただし、タイヤ側に可動できるジョイントがないために、キャンバー変化が大きくなるデメリットがある。

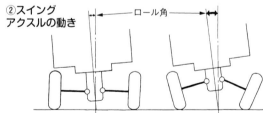

スイングアクスル式のリヤサスペンションはロール角が小さいとタイヤの接地性が良いが(左図)、ロール角が大きくなるとキャンバー角が大きくなり(右図)、オーバーステア(クルマが内側に巻き込む現象)となり挙動変化が大きい。

POINT
- ◎トレーリングアーム式は独立懸架式としてリヤに多く採用されてきた
- ◎フルトレーリングアーム式とセミトレーリングアーム式は取り付け位置の角度が違う
- ◎スイングアクスル式はキャンバー変化が大きいというデメリットがある

車軸懸架式（リジッド式）サスペンション

1本の車軸が左右につながっているために、両方の車輪の動きが連動してしまうのが車軸懸架です。乗用車の場合、FR車のリヤサスに広く用いられていましたが、現在ではあまり見られなくなりました。

FR車の車軸懸架の場合は、**ホーシング（リヤアクスル）**というパーツでリヤの左右輪がつなげられます。ホーシングの中央はデフとなりますが、これはフロントからプロペラシャフトで連結されており、エンジンの駆動力を伝えます。

■リンク式リジッドはリヤアクスルを複数のリンク（ロッド）で支える

リーフスプリングを用いたリーフスプリング式リジッドサスペンションの場合には、ホーシングを左右のリーフスプリング部分に固定するだけで非常にシンプルな形となります。駆動力がデフにかかるとタイヤの進行方向とは逆に後ろ側に倒れようという反作用が起きますが、リーフスプリングがそれを支えてくれます（図①）。

しかしながら、**コイルスプリング**（次項参照）となるとそうはいきません。リヤアクスルを支える1つの方法として、ホーシングの左右の上下に4本のリンクを付けて回転を防ぎ、さらに左右の位置決めのために1本のリンク（ラテラルロッド）が必要になります。これを**リンク式リジッドサスペンション**といいます（図②）。

これらは必ずしも劣ったサスペンションということではありませんが、どうしてもホーシングという重いパーツをスプリングとショックアブソーバーで制御しなければなりません。それを解決するために**ド・ディオンアクスル式**という方法もあります。これは重いデフをボディ側に固定し、ドライブシャフトを可動式としていますが、左右が連結されているということでは車軸懸架式となります（図③）。

■FF車のリヤではトーションビーム式が広く採用されている

主にFF車のリヤサスペンションに見られるのが**トーションビーム式**サスペンションです。左右の車軸にあたる部分がトーションビームで、そこから前側に伸びたアームがボディと連結します。トーションビーム側の左右端には**ストラット**（スプリングとショックアブソーバー）が装着されています。これはサスペンションが動いたときにトーションビームがねじれる働きを持つので、半独立懸架ともいわれます。横方向のメンバーはねじれやすいようにU断面になっています。左右はラテラルロッドで支える形式を取っているものが多いです（図④）。

シンプルでコストが安く、バネ下重量（132頁参照）も重くはないので、FFの軽自動車からコンパクトスポーツまで広く用いられています。

第5章 操縦系・ステアリングとサスペンション

車軸懸架式(リジッド式)サスペンション

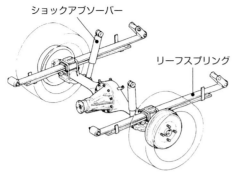

① リーフスプリング式リジッドサスペンション
かつては乗用車にも用いられた。スプリングでリヤアクスルの位置決めができてシンプルだが、乗り心地には難がある。

② リンク式リジッドサスペンション
FR車のリヤに用いられてきた。ホーシング(リヤアクスル)をコントロールアーム(リンク)で保持することにより、サスペンションの位置決めをする。

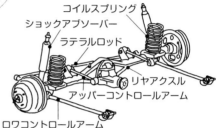

③ ド・ディオンアクスル式サスペンション
重いリヤデフをボディ側に固定することにより、より軽快なサスペンションを目指した。ただ、左右はチューブ(後車軸)で結ばれる。

④ トーションビーム式サスペンション
現在でもFF車のリヤに用いられる。シンプルで軽量。トーションビームのねじれにより半独立懸架式ともいえる。

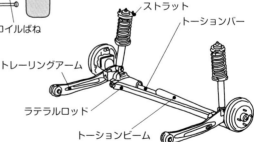

POINT
◎現在では少なくなったがFR車のリヤにはリンク式リジッドが採用されてきた
◎重いリヤアクスルに対応するためド・ディオンアクスル式なども考案された
◎FF車のリヤには現在でもトーションビーム式が採用されている

主なスプリングの種類と役割

ここまでサスペンション形式の解説をしてきましたが、どのタイプにも共通するのがスプリングとショックアブソーバーが装着されていることです。スプリングにはいろいろな種類があります。

基本的にはどのようなサスペンション形式であっても**スプリング**が装着されています。路面からの入力はタイヤを介してサスペンションが支えるわけですが、スプリングがあることによって、吸収、緩和されるわけです。

■現在の主流はコイルスプリング

スプリングの種類はいくつかあります。かつてはリーフスプリングが用いられていましたが、これについては次項で解説します。現在の主流の**コイルスプリング**は、バネ鋼をらせん状に巻いた形状をしており(上図)、ダブルウイッシュボーン式(98頁参照)やストラット式(100頁参照)といったサスペンションに装着されて、ボディ重量を支えたり、路面からのショックを吸収したり、コーナリング時の**ロール**、加減速時の**ピッチング**の量を決めるという役割を果たしています(110頁参照)。

コイルスプリングは、しなやかであると同時に、素線の太さや巻数で硬さを細かく設定しやすいということが、乗用車に多く採用されている理由の1つです。通常は**線形特性**といって、スプリングに掛かった荷重と同じ割合でたわむという性質を持っています(中図)。

ただし、中には**非線形特性**を持たせたコイルスプリングも存在しています。これはスプリングの線径や線間を変化させたりすることで(**不等ピッチ**)、スプリングがたわんだ初期にはやわらかくし、さらにたわむと硬くするという性質を持っています。完璧とはいえませんが、これである程度乗り心地とスポーティさを両立させるわけです(下図)。

■クルマの乗り心地や走行性能はバネ定数に大きく関わっている

スプリングの硬さは**バネ定数**(**スプリングレート:k**)で表されます。これはスプリングを1mm縮めるのに必要な力で、たとえばk=2.0kg/mmのバネ定数を持ったスプリングは1mm縮めるのに2kgの重さが必要になるということです(上図)。

バネ定数はクルマの前後の重量配分にも影響します。基本はフロントエンジンならフロントが硬く、ミッドシップやリヤエンジンならリヤが硬くなる傾向です。スプリングのチューニングについては110頁で解説しますが、このバネ定数をどうするか? というのが大きなポイントとなります。

第5章 操縦系・ステアリングとサスペンション

✱ コイルスプリング

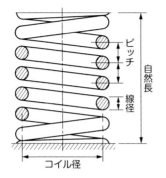

コイルスプリングは、バネ鋼を巻いたもの。線径の太さと巻き数によってバネ定数が変わってくる。太ければ太いほど硬くなる。巻き数が多いと同じバネ定数でもマイルドに感じるようになる。

✱ コイルスプリングの特性

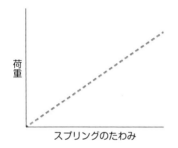

コイルスプリングは、荷重とスプリングのたわみとの関係が比例するという特性を持つ。これを線形特性という。

✱ 不等ピッチコイルバネと非線形コイルバネ

(A)はピッチ(線間)をロールが浅いときには狭くすることでソフトに、深くなるにつれて硬くなる非線形特性を持たせたもの。(B)(C)も非線形としては同じだが、コイル径を変えることで、仕様に合わせた非線形特性を持たせている。

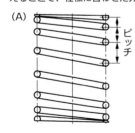 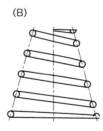 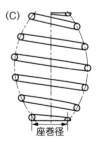

POINT
- ◎サスペンションは、スプリングによって衝撃を吸収する
- ◎スプリングは線形特性を持つものと非線形特性を持つものがある
- ◎バネ定数(スプリングレート)をどうするかで走りが違ってくる

その他のスプリング

コイルスプリング以外にも、サスペンションに用いられるスプリングがあります。代表的なのがリーフスプリングやトーションバースプリングです。また、電子制御される機構のエアスプリングもあります。

　リーフスプリングは鉄の板のような形状をしています。これを何枚か重ねることによって、強い**バネ定数**を確保しています。現在は乗用車には採用されませんが、トラックなど乗り心地よりも積載量を重視するクルマに使用されています。

　リーフスプリングを用いると、**車軸懸架式（リジッド式）**サスペンションの場合は車軸をリーフスプリングで位置決めできるので、アーム類が不要でシンプルなつくりになるというメリットもあります（上左図）。

◾️リーフスプリングはそれ自体が動きを収束させる特性を持つ

　リーフスプリングを複数枚重ねた構造にすることにより、その間に摩擦（線間摩擦）が発生することになります。これにより、スプリングの振動を抑える**減衰作用**（112頁参照）が発生するというメリットもあります。

　デメリットとしては、どうしても乗り心地が悪くなることがあります。またリーフを重ねるとその間で衝撃が起きて**びびり振動**（継続的に発生する振動）が発生したり、ワインドアップという巻き上げ現象が起きて、操縦性に悪影響を与えます（上右図）。

　トーションバースプリングもあります。これはバネ鋼をコイル状に巻かないでストレートのままとして、タイヤが上下するとそれに応じてトーションバーがねじれ、その剛性をスプリングとして利用するものです。このスプリングは高さを取らずコンパクトにできる反面、ある程度以上スプリングがねじれると急に硬くなる特性を持つことから、乗り心地を求めるにはあまり適さない面があります（中図）。

◾️エアスプリングは高級車に用いられ電子制御で乗り心地を確保できる

　エアスプリングとは、エアチャンバー（空気室）に閉じ込めた空気の反発力を利用してスプリングの役割を果たしているものです。閉じ込められた空気は強い圧力が加えられるほど硬くなるというのが、スプリングとは異なった点です。

　そのため、小さな入力ではソフトに、強い入力が入ったときはハードという非線形のような特性となることが特徴です。

　電子制御式エアサスペンションは、硬さを調整したり車高を調整したりということがスイッチ1つでできるというメリットがあります（下図）。

第5章 操縦系・ステアリングとサスペンション

⚙ リーフスプリングを用いたサスペンション（左）とワインドアップ現象

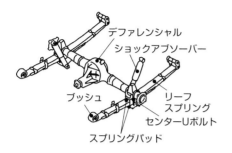

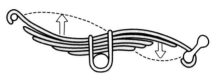

リーフスプリングがやわらかいとワインドアップという巻き上げ現象などが起こる可能性がある

⚙ トーションバースプリングを用いたサスペンション

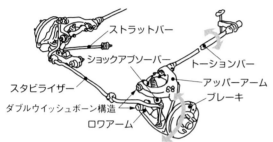

トーションバースプリングはバーのねじれを利用したスプリング。全高を低くコンパクトにできるメリットがあるが、大きくねじれたときに硬くなるデメリットもある。

⚙ エアサスペンション

エアサスペンションはエアチャンバーにエアを溜めることでスプリングの役割をさせる。電子制御でセンサーやバルブによってバネ定数を変えたり車高調整ができるものもある。

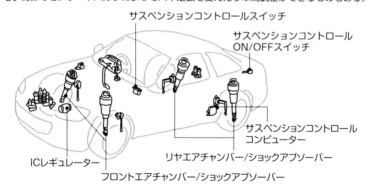

POINT
- ◎リーフスプリングは積載量の多いトラックなどに使用されることが多い
- ◎トーションバースプリングは直線のバーのねじれを利用したスプリング
- ◎エアスプリングは電子制御によりバネ定数や車高を調整できるものがある

スプリングのチューニング

サスペンションのチューニングのことを「足をかためる」などと言ったりしますが、基本的には高いバネ定数のものに交換するのがスプリングのチューニングになります。

チューニングの目的は、限界走行時の操縦性の向上ということになるでしょう。もし、スプリングがやわらかくてコーナリングGがかかったときの**ロール**や、ブレーキング、加速時に発生する**ピッチング**が必要以上に大きくなってしまうと、クルマの動き自体が緩慢になってしまい、きびきびとした走りが望めません（上図）。

◤過度にやわらかいスプリングではドライバーの意思より遅れてしまう

たとえばやわらかいスプリングのクルマで**コーナリング**に入ろうとしてステアリングを切り込んでも、大きくロールしてからようやく曲がりはじめることになりますが、適度な硬さのスプリングであれば、「早くコーナリング状態にもっていきたい」というドライバーの意思に対して忠実に動く傾向となります（下図）。

また、S字コーナーなどの切り返しの場合、やわらかいスプリングではもっさりと大きく切り返すところが、硬いスプリングならば、パッパッと機敏に動くようになりますから、速さにも直結します。言い方を変えれば、荷重移動を素早く行なえることになり、きびきびとした走りが可能となるのです。

ただし硬すぎるのもまた良くありません。現代のクルマのサスペンションは、設計段階である程度ロールをしたときにタイヤの接地性が良くなるようにしてあります。もし、ガチガチに硬いスプリングを使って足回りをかためてしまうと、せっかくのサスペンションの性能が活かしきれません。良いコーナリングをするためには、適度に荷重移動をしてロールすることが必要で、その状態のときにクルマのサスペンションの性能が活かせるといえるでしょう。

◤非線形特性を持ったスプリングで、セッティングの幅を広げる

106頁で解説した**非線形特性**を持ったスプリングも、チューニングをしていくうえで重宝する場合があります。乗り心地ということではなく、**バネ定数**の初期がやわらかければ荷重移動がしやすく、ステアリングを切ったときにノーズが入りやすい傾向となり、コーナリングに入るとバネ定数の硬いところを使い、しっかりとコーナリングする傾向とすることができます。

この辺は机上の理論だけではなくいろいろなノウハウがあるところですので、専門のショップなどに相談しながら進めたほうがいいでしょう。

第5章 操縦系・ステアリングとサスペンション

車体のロール、ピッチングへのバネ定数の影響

サスペンションの設計などの影響もあるが、同じクルマならばバネ定数を大きくすると、ロールやピッチングは減少する方向になる。硬いスプリングを入れると乗り心地は悪くなるが、基本的にはクルマが機敏に動くようになる。

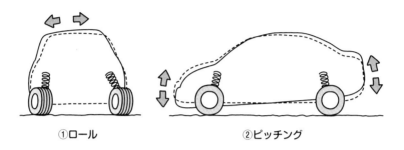

①ロール　　　　　　　　　　②ピッチング

バネ定数の変更がクルマの操縦性に与える影響

スプリングがやわらかいとコーナリングでロールが大きくなる。サスペンションはある程度ロールしたほうが接地性が高くなる設計にしてあったとしても、ロールが過大になれば接地性も悪くなる。外側（沈み込んだほう）に荷重がかかりすぎれば、最悪の場合転倒ということにもなりえる。そのためにもスプリングの設定は重要。

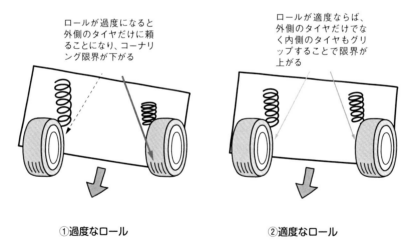

①過度なロール　　　　　　　②適度なロール

> **POINT**
> ◎スポーツ走行を考えた場合、バネ定数を大きくしてロール、ピッチングを抑える
> ◎適度に硬いスプリングは、荷重移動が素早くなりきびきびとした操縦性となる
> ◎やわらか過ぎるスプリングは、路面の接地性が悪くなるばかりか危険性も増す

ショックアブソーバーの構造

ここまでスプリングについて解説してきましたが、それとセットで欠かせないのがショックアブソーバーです。スプリングの振動を速やかに抑えて、サスペンションの動きを安定させる役割を持ちます。

スプリングは路面からの入力があると、そのまま伸縮運動を続けます。それが収まらないうちに、新たな入力が入るとさらに伸縮運動が大きくなる場合もあり、クルマの挙動が不安定になります。そこでショックアブソーバーの**減衰作用**（スプリングの動きを抑制する作用）が必要となります（上左図）。

■オイルがピストンの穴を抜けるときの抵抗を利用して減衰する

ショックアブソーバーは円筒形のケースの中からピストンロッドが出ている形状をしています。ケースの中にはオイルが封入されており、ピストンロッドにつながるピストンには**オリフィス**や**バルブ**と呼ばれる穴（オイルの通り道）があります。

サスペンションの動きによってオイルの中をピストンが動くわけですが、オイルがオリフィスやバルブの中を通過するときの抵抗がスプリングの振動を止める役割を担っています（上右図）。

ショックアブソーバーの種類は、単筒式、複筒式に大別されます。単筒式は、オイル室とフリーピストンを介して直列に高圧のガス室が設けられています。オイル室の中を**ピストンロッド**につながった**ピストン**が動くわけですが、そのときのオイルの移動時の圧力は、フリーピストンの反対側のガス室が潰されることにより受け持ちます（下左図）。

複筒式の場合は、オイル室の周囲にもオイル室が設けられる二重構造となっており、ピストンにより移動した分のオイルは、ベースバルブを通じて外筒に出入りすることになります（下右図）。

■単筒式は硬めのフィーリング、複筒式はしなやかなフィーリング

単筒式のほうがオイル容量が多くなり、また外気に近いということでオイルの冷却効率が高いのですが、高圧ガスが入っているために硬めのフィーリングになります。有名メーカーではビルシュタインなどがこの方式をとっています。

複筒式はオイル容量が相対的に少なく、本体のオイルが外気から遠いため冷却には適しませんが、しなやかなフィーリングになるという大まかな違いがあります。一般的な乗用車はこちらの方式をとることが多くなっています。ショックアブソーバーのチューニングについては次項で解説します。

第5章 操縦系・ステアリングとサスペンション

減衰作用の働き

ショックアブソーバーがあると、2回目以降のバウンシングに変化が見られると同時に収束時間も早まる。これはショックアブソーバーの減衰による作用で、セッティングのカナメとなる。

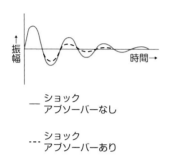

減衰力発生のしくみ

減衰力は伸び側と圧縮側両方に発生する。一般的には伸びるときに小さな径のオリフィスを、圧縮側では大きなオリフィスを通し、伸び側の減衰力を高めている（縮みやすく伸びにくい）。

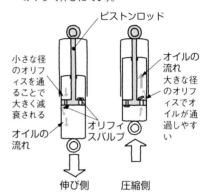

単筒式ショックアブソーバー

単筒の高圧ガス封入型のショックアブソーバー。フリーピストンでオイル室とガス室が分けられている。どちらかというと硬い乗り心地になる。

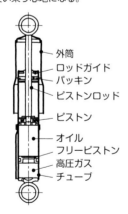

複筒式ショックアブソーバー

オーソドックスな複筒式のショックアブソーバー。ピストンがオイルの中を動くのは同じだが、外筒にもリザーバータンクがあり、オイルが行き来する。

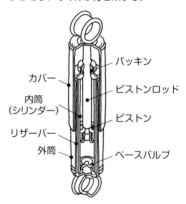

POINT
- ◎ショックアブソーバーはスプリングの振動を減衰力によって抑える
- ◎オイルの中をオリフィスやバルブを設けたピストンが動くときの抵抗が減衰力
- ◎大きく分けて単筒式と複筒式があり、単筒式はスポーティなものが多い

ショックアブソーバーの交換

サスペンションのチューニングでは、ショックアブソーバーの交換は重要な部分です。ただし、交換のみでは「良い足回り」になりづらいというのも事実で、いくつかのポイントがあります。

スプリングはロールやピッチングの量を決めると106頁で述べました。ショックアブソーバーの基本的な働きはスプリングの振動を速やかに収束させることですが、チューニングという観点から見た場合はロールやピッチングのスピードを決めるという言い方ができます。

▰減衰力がスプリングの伸縮スピードを左右する

極端にいうと、ショックアブソーバーがあってもなくても（その後の伸縮の問題を無視すれば）ロールやピッチングの量は同じです。ただ、ショックアブソーバーの**減衰力**により最大に姿勢変化するまでの時間が変わってきます。そういう意味では荷重のかけやすさやコントロールのしやすさに大きく関わっています（上図、中図）。

ショックアブソーバーとスプリングの組合せは、おのずとマッチングの問題が出てきます。たとえばノーマルの**バネ定数**に近いスプリングを使用しながら、レース用の強い減衰力を発揮するショックアブソーバーを装着するとしましょう。

この場合ショックアブソーバーのみで荷重を受けることになり、乗りづらいだけでなく、ショックアブソーバー本体が壊れてしまう可能性があります。極端にいえば、スプリングのないサスペンションといえるでしょう。

▰スプリングを決めてそれに合わせたショックアブソーバーを、が理想だが……

チューニングのためにバネ定数を上げたら、コースを走りながらそれに合わせた減衰力を持つショックアブソーバーをチョイスしていく……というのが理想でしょうが、それでは時間とお金が掛かり過ぎます。

現実的には、多くのクルマを手がけているショップで、使用するカテゴリーに合わせたショックアブソーバーとスプリングを提案してもらうというのが早道になります。また、現在はスプリングとショックアブソーバーがセットとなって販売されていることが多いので、そうしたものを購入して使用するのもいいでしょう。

そして不満が出てきたら、少しバネ定数を上げてみるとか、ショックアブソーバーの減衰力を変えてみるなどの工夫をします。そういう面では下図のようなダイヤルなどで減衰力を可変できる調整式のショックアブソーバーのメリットが出てくるでしょう。

第5章 操縦系・ステアリングとサスペンション

減衰力調整式ショックアブソーバーのセッティング例（フロント側）

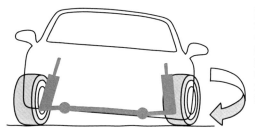

図はジムカーナ走行を想定した場合のフロントショックアブソーバーのセッティング例。縮み側の減衰力を下げれば、ロールスピードが速くなり回頭性（クルマの向きを変える速さやコントロール性）が良くなる。雨の日や滑りやすい路面のセッティング。

減衰力調整式ショックアブソーバーのセッティング例（リヤ側）

リヤ側は、縮み側の減衰力を下げれば横方向に一気に荷重が移るので、テールスライドが起こりやすい傾向となる。逆に縮み側の減衰力を上げると、硬いサスペンションとなり限界が上がる傾向となる。

減衰力調整式（可変式）ショックアブソーバー

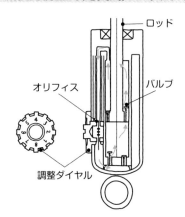

減衰力調整式（可変式）ショックアブソーバーは、オリフィスの径を変えられるために、ある程度のセッティングの幅を持たせることができる。伸び縮み同時調整のものと、別々に調整できるものがある。

POINT
- ◎ショックアブソーバーのチューニングは、スプリングを決めてそれに合わせる
- ◎予算と時間を節約するには、ショップに相談するかセットになったものを使う
- ◎減衰力調整式ショックアブソーバーならば、セッティングの幅が広がる

2-11 ブッシュの役割とメンテナンス

サスペンションは、アームやリンクだけで成り立っているわけではありません。可動するつなぎ目にはブッシュが使用されています。主にゴム製ですが、他の素材も合わせて使用される場合があります。

　ブッシュは主に強化ゴムを使用しています。これがアームやリンクの可動部（ピボット）に使用されることによって、サスペンションがスムーズに動くことができるのです。
　また、サスペンション形式によっては、このゴムブッシュの変形を積極的に使うことにより、クルマが曲がりやすくするのを助けたりしています（上図）。

◾強化ゴムは一般のクルマには手間もかからず最適
　かつては金属製のブッシュが使用されていましたが、定期的なグリスアップが必要になるなど手間がかかるものでした。現在はゴムの性能が上がったために、こちらが主流となっています。ただゴムといっても、芯に金属を入れたものや、液体を封入したもの、すぐりを入れたものもあり、場所に応じて使い分けられています（下図）。
　金属のようにグリスアップが必要なくなったといっても、ゴムですから長期間使用していれば劣化します。変形したり、亀裂が入ったりすれば乗り心地の低下やギシギシと異音がするだけでなく危険でもあります。
　クルマのサスペンションや下回りをチェックするときに、ブッシュも一緒に点検しておくことで、不具合の早期発見ができるので心がけてください。

◾サスペンションチューニングの場合はブッシュも一緒に考える
　チューニングする場合には、ここを**強化ブッシュ**にする手段もあります。スプリングやショックアブソーバーをスポーティなものに交換するときには、サスペンションブッシュも一緒に強化品に交換すると、よりかっちりとした走行フィールを得られる場合もあります。
　本格的なレーシングカーになると、逆に金属製のスフェリカルジョイント（ピローボール）というパーツを使用することもあります。この場合、乗り心地は犠牲になる場合がありますが、ゴムブッシュの動きの曖昧さが消え、サスペンションがより設計どおりに動くようになります。
　ただし、ゴムに比べると耐久性に劣りますし、定期的なメンテナンスが必要になることは避けられません。スポーツカーなどでは、ノーマルのサスペンションでも一部スフェリカルジョイントを使用している例もあります。

第5章 操縦系・ステアリングとサスペンション

ダブルウイッシュボーン式サスペンションのブッシュ使用例

図のように上下のアームの前後、ストラットロッドの付け根などにゴムブッシュが使用されている。円筒状をしており前後方向には強く、上下左右には比較的やわらかく動くことによりサスペンションのスムーズな動きを助けている。

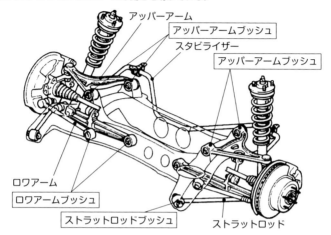

ストラット式サスペンションのロワアームのブッシュ使用例

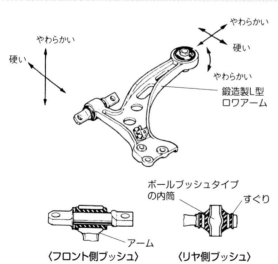

ストラット式サスペンションのロワアームにおけるブッシュの使用例。フロント側のブッシュでは、軸の方向が前後だが、リヤのブッシュではすぐりを入れることで前後方向に柔軟性を持たせている。こうするとアームが前後方向に動きやすいのでトー変化(100頁参照)を抑えられ、横方向でキャンバー変化(98頁参照)を抑えることができる。

POINT
- ◎ブッシュはサスペンションの接続部に使われている
- ◎現在はゴム製、ゴムと金属、液体封入式などがある
- ◎メンテナンスは基本的に不要だが、大きな変形や亀裂があれば交換が必要

COLUMN 5

ショックアブソーバーが 抜けるとどうなる？

　ショックアブソーバーの抜けたクルマは、スプリングだけに頼ることになるので、かえって乗り心地がふわふわと良くなるというような話を聞くことがありますが、体験的には足回りからの異音や、ボディへの強い入力（衝撃）という形で現れることが多いようです。

　ある軽自動車に乗っていたときに、リヤサスペンションからガタンガタンと今にもどこかが壊れそうな音を発するようになりました。サスペンションのどこかのボルトが緩んでいるのではないかと思い、下回りをのぞいて増し締めをしてみましたが特に緩んでいるところはなさそうです。

　最後にショックアブソーバーを交換してみると、快適に走れるようになりました。負担の少ない軽自動車のリヤということもあったのかもしれませんが、乗り心地という面では、それほど大きな違いが感じられませんでした。これはただ私が鈍感なだけなのかもしれませんが……。

　もう一例、スポーティなFR車の右フロントのショックアブソーバーが抜けたことがありました。中古で買ったばかりのクルマでしたが、ちょっとした段差があるだけでも、ボディにガタン！　と大きな入力があります。壊れないように？　そろそろと走ってもそんなに変わりませんし、大きなギャップでもあれば、右フロントがいつまでもばたばたと伸縮していて、いかにも「抜けています」という感じでした。

　これは明らかにショックアブソーバーだろうと思い、右フロントから取り外してみると、完全にオイルがなくなり「スカスカ」の状態。さらに通常「バンプラバー」といって、ショックアブソーバーが完全に収縮しても底付きしないように、ピストンロッドに緩衝用のゴムパーツがあるのですが、それもありません。大きな衝撃はそのせいもあったようです。

　このクルマはショックアブソーバーを1台分（4本）新品に交換すると、新車時のようなしなやかな走りを取り戻しました。

第6章

足回り系・ブレーキとタイヤ／ホイール

Brake and tire / wheel

1. ブレーキ

ブレーキの構造と種類

ブレーキペダルを踏めばタイヤの回転が遅くなり、クルマは減速します。これは4輪にブレーキが装着されているからです。構造はほとんどが油圧式で、ディスクブレーキとドラムブレーキがあります。

ディスクブレーキの構造は、ブレーキマスターシリンダー、ブレーキキャリパー、ディスクローターが主なパーツとなります。ブレーキペダルを踏むと、ブレーキマスターシリンダーの中のピストンが動くようになっています。そこから各輪のブレーキまではブレーキフルード（オイル）が仲介しています（上図）。

◤パスカルの原理で、小さな力で大きな制動力が得られる

ブレーキフルードがキャリパーピストンを押し出して、ブレーキパッドがディスクローターを挟むことによって制動力が生まれます。システムとしては単純なのですが、ここには中学校の理科で習う**パスカルの原理**が応用されています。これは、「密閉した流体の一部で圧力を増幅させるとその中のあらゆる点で、圧力はそれと同じ大きさで増幅する」というものです。

具体的にはマスターシリンダーの中のピストンがブレーキキャリパーのピストンを押すのですが、キャリパーシリンダーの面積を広くしてブレーキキャリパーのピストンを押す力を増幅しています。ただし、これだけでは実際の制動力としては弱く感じます。

そこでアクセルを踏んだときの吸気で負圧をつくっておき、ブレーキを踏んだときにバルブを開放することで、ブレーキ踏力をアシストしています。これを**ブレーキブースター（マスターバック：倍力装置）**と呼びます（中図、165頁下図参照）。

◤ドラムブレーキは、「効き」自体はディスクブレーキ以上

以上はディスクブレーキの解説となりますが、**ドラムブレーキ**も基本的な作動としては同じです。ただし、こちらはいわゆる「ドラム」の中に入っている**ホイールシリンダー**が、ブレーキペダルを踏んだときに生まれた圧力で開き、ドラムの内側に沿って装着された**ブレーキシュー**を押し付けることで、制動力を得ます（下図）。

絶対的な効きとしてはディスクブレーキに劣るものではありませんが、放熱性に難があるために、ディスクブレーキに置き換わる傾向があります。

現在乗用車の多くがディスクブレーキを採用しており、特にフロントは全車といっていいほどですが、コンパクトカーなどのリヤブレーキでは、まだこの方式を見ることができます。

第6章 足回り系・ブレーキとタイヤ／ホイール

ディスクブレーキの概念図

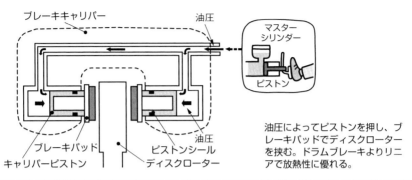

油圧によってピストンを押し、ブレーキパッドでディスクローターを挟む。ドラムブレーキよりリニアで放熱性に優れる。

ブレーキブースター(倍力装置)の働き

ブレーキ自体の効きは、ブレーキブースターによるところが大きい。吸気時に負圧をつくり、ブレーキペダルを踏むとバルブを開放して踏力を増幅する作用を持たせている。

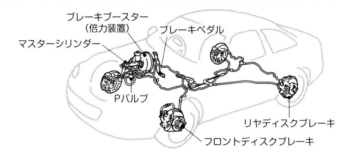

ドラムブレーキの構造

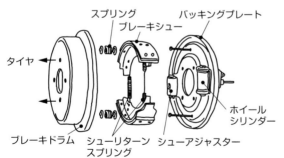

ドラムブレーキは、ドラム内のブレーキシューを内側から押し付けることにより制動力を発生する。シューとドラムの接地面積が広く、相対的な効きは強くなるが放熱性に難がある。

> **POINT**
> ◎現在、乗用車に多く使われているのはディスクブレーキ
> ◎ブレーキシステムは油圧とパスカルの原理を用いることにより制動する
> ◎ドラムブレーキはシューをドラムに内側から押し付けることで制動する

121

ブレーキのメンテナンスとチューニング

現在は多くがディスクブレーキになっていることや、ドラムブレーキは自分でいじれる部分が少ないこともあり、ディスクブレーキのパッドとディスクローターのメンテナンス、交換が中心になります。

ブレーキパッドは、市販車の多くがノンアスベスト（アスベストフリー）系の素材を使用しています。ガラス繊維を主原料にアラミド繊維を混ぜたもので、モータースポーツなどの特殊用途にはメタルパッドが使用されたりします。

■ブレーキパッドの摩擦力によってディスクローターの回転を止める

ブレーキパッドがディスクローターと摩擦することによって制動力が発揮されるのですが、当然使用しているうちに摩耗してきます。ブレーキパッドの残量は目視でチェックできますが（上図）、ブレーキパッドにインジケーターが取り付けられており、キーキー音が出ることで気がつきやすいようにしています（中図）。

一方のディスクローターは鉄（ねずみ鋳鉄）を素材としてつくられる場合が多くなっています。単なる鉄の円板であるソリッドディスクに対して、冷却のための通風口が設けられた**ベンチレーテッドディスク**があり、後者のほうはスポーツカーに用いられる傾向が強かったのですが、最近では当たり前に使用されるようになってきました（下図①）。

こちらもブレーキパッドほどではありませんが摩耗していきます。円盤状の筋が入ってきて手で触ったときに凹凸を感じるようになったら交換が必要になります。

■ブレーキパッドやディスクローターの選択がポピュラーなチューニング法

ブレーキパッドのチューニングは、使用目的に合わせた市販のパッドを装着することが中心になります。

たとえばサーキット走行をするなら、高温まで耐えられるものを選びます。ただし、冷えた状態では効きが悪いということを認識しておくことが必要です。ジムカーナのサイドブレーキターンをする場合には、リヤにメタルパッドを使用する場合もあります。これはカッチリと確実にロックする特性を持たせられます。

ディスクローターも車種によってチューニングパーツとして発売されている場合があります。**スリットローター**といって、表面に放射状にスリットを入れることで、ブレーキパッドの表面を常にクリアにして、ブレーキの効きを維持させるものや（下図②）、同様の目的や軽量化のため表面に多数の穴が開けられた**ドリルドローター**などがあります（下図③）。

第6章 足回り系・ブレーキとタイヤ／ホイール

ディスクブレーキの構造

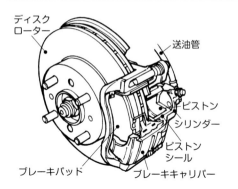

フロントでは多くの車種で採用されているディスクブレーキ。ディスクローターが開放されているので、放熱性が高くベーパーロック（126頁参照）やフェード現象が起きにくい。日常メンテナンスの項目としてはパッドの残量チェックが重要。

ブレーキパッドとその周辺パーツ

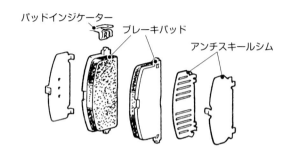

ブレーキパッドは、貼り付けられている摩擦材の材質によって性質が変わってくる。パッドインジケーターはパッドが減少するとローターに当たり、交換時期を知らせてくれる。アンチスキールシムは、ブレーキ鳴きを低減する役割を持つ。

ディスクローターの種類

ディスクローターはソリッドディスクと呼ばれるものとベンチレーテッドディスクと呼ばれるものがある。①は後者で、フィンによりローターの放熱性を高める。主にフロントに用いられる。その他にスリット入りや穴あきローターもチューニングパーツとしてある。

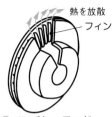

①ベンチレーテッドディスク

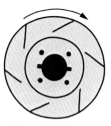

②スリットローター

③ドリルドローター

POINT
- ◎ブレーキ系のメンテナンスでは、まずブレーキパッドの残量を確認する
- ◎ディスクブレーキのチューニングは、パッドを用途に合わせて交換する
- ◎ディスクローターも長期的には摩耗するので、交換が必要になる

1-3 ブレーキフルードのチェック、フルード交換とエア抜き

ブレーキペダルとブレーキパッド（シュー）までの間をつなぐものがブレーキフルードです。これは、ブレーキという高い温度となるものを仲介するために適した特性を持っています。

ブレーキフルードは通常、エンジンルーム内のブレーキリザーブタンクの中に入っています。リザーブタンクにはMAXとLOWの表示ラインが入れられていて、ブレーキフルードがこのラインの間にあれば大丈夫ですが、LOWレベルになっていたからといって安易に継ぎ足すのには注意が必要です（上図）。

■ブレーキフルードの量はパッドの残量の目安になる

というのは、ブレーキパッドが摩耗によって減るとその分ブレーキフルードの液面が下がるからです。つまり、どこからか漏れていない限り、ブレーキフルードの量はブレーキパッドの残量の目安になりますし、ブレーキパッドを新品にすれば再び通常レベルになるということです。

ただし、ブレーキフルードは吸湿性が高いという特性を持っていますから、量があるからといってそのままでいいということもありません。スポーツ走行を行なってブレーキに負荷を与える場合は短期での交換が必要ですし、一般走行しかしない場合でも、車検時には最低限フルード交換が必要です。

その際には、リザーブタンクからブレーキフルードを抜き取り、その後に新しいブレーキフルードを継ぎ足します。このとき、ブレーキラインの中に入ったフルードが古いままですから、それを押し出す作業が必要になります。

■フルードの交換作業には注意が必要

その場合、ブレーキキャリパーのブリーダープラグにホースをつなぎ（中図）、その先に抜いた古いフルードを溜める容器をつなげます。そして自分以外にもう1人用意します。1人は運転席に座り、1人はブレーキキャリパーのところに配置します（下図）。運転席の人がブレーキペダルをバタバタと複数回踏み込み、踏みっぱなしにしたところで、キャリパー側の人が、ブリーダープラグのナットを緩めます。そうすると、パイプの中の古いブレーキフルードが容器の中に流れ込みます。ブレーキペダルを踏み込んだまま、ブリーダープラグのナットを締めます。

古いフルードが流れ出るまでこの作業を続けます。気をつけることはリザーブタンクの中のフルードを空っぽにしないこと。適宜継ぎ足して行ないます。また、作業を行なう順番はリザーブタンクから遠いブレーキキャリパーからになります。

第6章 足回り系・ブレーキとタイヤ／ホイール

🔧 リザーブタンクのフルードの量

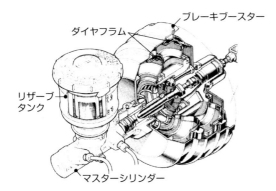

リザーブタンクはボンネットを開けて、エンジンルームの後端に取り付けられたブレーキブースター（倍力装置）と同列に装着されている場合が多い。規定量入っていることが基本だが、ブレーキパッドが減ると減少するために、ただ注ぎ足したのでは良くない。

🔧 ブレーキキャリパーのブリーダープラグ

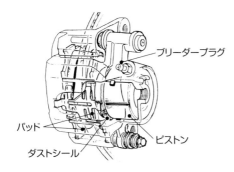

フルードを抜くときはブレーキキャリパーのブリーダープラグにホース、容器をつなぐ。プラグはメガネレンチなどで緩むようになっている。

🔧 ブレーキフルード交換の様子

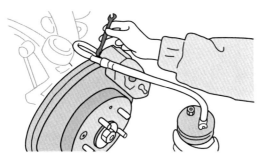

フルード交換では2人が必要。1人がブレーキペダルを操作し、もう1人がブレーキキャリパー側で作業を行なう。

- ◎ブレーキフルードは吸湿性が高く、最長でも車検時に交換が必要となる
- ◎フルード交換時にはリザーブタンクだけでなく、ホースからも抜く作業が必要
- ◎フルード交換をDIYで行なう場合は、室内側とキャリパー側の2人が必要

1-4 ベーパーロックとフェード現象

ブレーキは熱を持つため、それにともなうトラブルが起きる場合があります。その代表がベーパーロックとフェード現象。ともに制動力が落ち、最悪の場合クルマが止まらなくなるので非常に危険です。

ベーパーロックとは、ブレーキパッド（ドラムブレーキではブレーキシュー）が加熱し、その熱によって**ブレーキフルード**が沸騰してしまう現象です。そうなるとブレーキフルード内に気泡が発生してブレーキのフィーリングが悪くなり、さらに進むとブレーキが効きづらくなります（上図）。

◤ベーパーロック対策としてブレーキフルードの定期的交換が必要

ブレーキフルードは、新しいときは沸点が高い性質を持っていますが、吸湿性が高く、古くなると水分のために沸点が下がります。そうすると、よりベーパーロックが起こりやすくなります。そのためにも定期的なブレーキフルードの交換が必要となるわけです。

ブレーキフルードは沸点が高い順にDOT5、DOT4、DOT3などのグレードがあります。DOT5はたしかに新品時の沸点は高いのですが、吸湿性も高くなるので、交換サイクルは短くなります。市販車ではDOT4やDOT3が使用されていることが多いようです。

◤フェード現象はブレーキパッドが加熱することによって引き起こされる

フェード現象というのは、峠道などでブレーキを頻繁に使っていると、ブレーキパッドが加熱してガスが発生してしまい、それが**ディスクローター**との間に入ってしまうことでブレーキの効きが弱くなることをいいます。最悪の場合は、ブレーキパッド自体が熱で燃え落ちてしまうこともあり非常に危険です（中図）。

下り坂でこれが起きると、止まる術がなくなってしまうので、長い下り坂が続く道路を走るときには、**エンジンブレーキ**を併用するなど、ブレーキになるべく負担をかけない走行が要求されます（下図）。

この現象は、ブレーキパッドの体積が小さいときにより起こりやすいといえます。つまりすり減ったブレーキパッドのほうが新品（厚みのある）のパッドよりも起こりやすいということです。そのためにもブレーキパッドの残量確認は重要です。

フェード現象を起こしたブレーキパッドは、熱による化学変化で炭化し、元通りの効きは期待できなくなる場合もあります。一般走行でふつうに効くのであれば問題ないともいえるのですが、万全を期すためには新品に交換することが必要です。

ベーパーロック

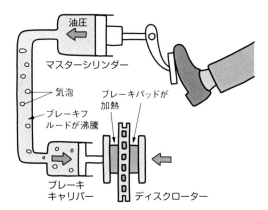

ベーパーロックはブレーキパッドからの熱がブレーキフルードに伝わり、気泡が発生する現象。軽度ならブレーキがフカフカするだけだが、大きな気泡が発生するとブレーキの効きが低下する。

フェード現象

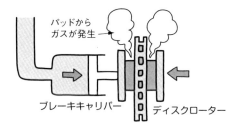

フェード現象は、ブレーキパッドが加熱して、パッドからガスが発生。そのガスがローターとの間に干渉することによって、ブレーキの効きが極端に落ちる。

ベーパーロック、フェード現象の予防

ベーパーロック、フェード現象を防ぐには下り坂でスピードを抑え、エンジンブレーキ（アクセルオフ）を有効に使うことが必要。ブレーキが少しでも冷える時間をつくってやることが肝心だ。もちろんブレーキパッドやブレーキフルードをフレッシュなものにすれば効果的だ。

POINT
- ◎ベーパーロックはブレーキフルードの沸騰が原因。発生したらクルマを止める
- ◎フェード現象はパッドの加熱が原因。冷やせばふつうに走れる場合もある
- ◎メンテナンスとエンジンブレーキ、スピードを抑えることで予防できる

2. タイヤ／ホイール

2-1 タイヤの種類と構造

タイヤには大きく分けてバイアスタイヤとラジアルタイヤがあります。現在、乗用車用ではバイアスはほぼ姿を消し、すべてラジアルといっていい状況になっています。

タイヤの素材はゴムがメインですが、内部には強度、耐久性向上のため**カーカス**、**スチールベルト**があり、ホイールと接合する部分には**ビード**と呼ばれる部分があります。

外側は、**トレッド部**、**ショルダー部**、**サイドウォール部**と呼ばれ、トレッドがタイヤと路面が接地する部分となります（上左図）。

◼ ラジアルタイヤはコードが放射状（ラジアル）になることから名付けられた

ラジアルタイヤの「ラジアル」というのは「放射状の」という意味で、カーカスを構成するコードが、トレッドの中心線に対して直角に配列されており、タイヤを横から見るとコードが放射状になっていることから名付けられています（中図①）。

ちなみにコードの層をプライと呼びますが、**バイアスタイヤ**はクロスプライタイヤとも呼ばれ、製造工程でプライを斜め（バイアス）に切ることから名付けられています。トレッドにベルトが巻かれたラジアルに比べ乗り心地はいいのですが、耐摩耗性に劣る傾向があります（中図②）。

タイヤは、トレッドのゴムの性質や、そこに刻まれる**トレッドパターン**で性能が大きく変わってきます。大まかに説明すると、トレッドのゴムのコンパウンドがドライ路面の性能を、トレッドパターンの排水性が雨天の性能を決めるといえるでしょう。

サイドウォールは、乗り心地と操縦性に大きく関わってきます。ここがやわらかければ乗り心地が良くなり、しっかり感を得るには適度な硬さが必要になります。この部分の変形がタイヤのコーナリング性能の決め手になります。

◼ タイヤはサイズだけでなく、スタッドレスなど使用目的による違いもある

タイヤのサイズは 195/65 R15 94 S のように表されます（下図）。現在は**偏平率**が低くインチ数が大きいものが採用される傾向にあります。

タイヤの種類としては氷雪路用の**スタッドレスタイヤ**を外すことはできません。これは、トレッドパターンで雪をつかむような**サイプ**（細かな切れ目）を設けたり、トレッドの**コンパウンド**もやわらかく、雪の表面を引っかくような成分を混ぜたりして、雪上や氷上での性能を向上させたものです（上右図）。

第6章 足回り系・ブレーキとタイヤ／ホイール

⚙ ラジアルタイヤの構造

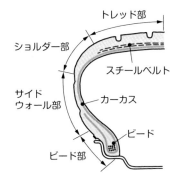

⚙ スタッドレスタイヤ

低温でも一定のやわらかさを保つことができるゴムを使用し、路面と接する部分の表面を粗く仕上げている。また、サイプを入れてグリップ力を上げている。

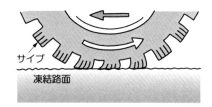

⚙ ラジアルタイヤとバイアスタイヤの違い

①ラジアルタイヤ

②バイアスタイヤ

⚙ タイヤサイズの表記例

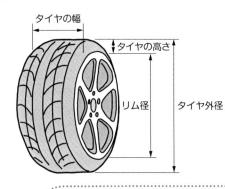

195①/65② R③ 15④ 94⑤ S⑥

①タイヤ幅
②偏平率(%)=タイヤ高さ／タイヤ幅×100
③ラジアルタイヤ
④リム径
⑤ロードインデックス
⑥速度記号

※⑤ロードインデックスとはタイヤ1本で支えられる最大負荷の大きさ。94=最大670kg
※⑥速度記号とは規定の条件下でそのタイヤが走行できる速度を示す記号。S=180km/h

POINT
◎現在の乗用車用のタイヤはラジアルタイヤが主流となっている
◎タイヤの構造のほか、コンパウンド、トレッドパターンなどが性能を決定づける
◎氷雪路用のスタッドレスタイヤはコンパウンドやサイプでグリップを確保する

ホイールの種類と構造

ホイールはスチールホイールとアルミ(軽合金)ホイールとに分けられます。現在は多くのクルマが新車時からアルミホイールを採用するようになっていますが、それには理由があります。

ホイールはタイヤを装着するために欠かせないパーツです。ゴム製のタイヤが外れにくい形状とするとともに、ハブにしっかりと固定できる構造となっています。

ホイールのサイズは、6J×15　PCD100　インセット42のように表示されます。6がリム幅、Jがフランジ形状、15がディスク面の長さ(インチ)です。PCDというのは、リムを取り付けるボルト穴の中心から対角線のボルト穴の中心までの距離です。国産車では100か114.3の2つがメインとなります。また、車種によってボルト穴が4つだったり5つだったりします(上図)。

▰かつてのプラスオフセットは「インセット」という呼称となった

インセットはかつてはプラスのオフセットと呼ばれていました。インセット42はオフセット+42で、ホイールの中心が外側に42mmということです。逆はアウトセットといいます。

現在アルミホイールが主流となっている理由は、**スチールホイール**は重く、せっかくディスクブレーキを採用したとしても、**ディスクローター**からの熱気が逃げるところがないというデメリットがあるからです。その点、アルミ合金は軽量ですし、**鋳造**の場合、金型さえつくってしまえば比較的いろいろな形状にできるため、開口部を大きくすることも可能というメリットがあります。

モータースポーツ用の**鍛造**アルミホイールなどは、真に走行性能(バネ下重量の軽減)をねらったものですから軽量なのはもちろん、通常はホイール(とタイヤ)の回転が良くなるように、ホイールの軽い部分にウェイトを貼ってバランスを取りますが、そういうことが必要のないほど精度が高いものもあります(中図、下図)。

▰アルミホイールを履くのはファッションという面も大きい

軽量という意味では、さらに軽いマグネシウム合金のホイールがありますが、これはどうしても耐久性など実用面では難があり、そういう面をわかって使用するモータースポーツ専用品といっていいでしょう。

裏話のようになってしまいますが、じつは同じサイズ同士でアルミホイールがスチールホイールよりも絶対に軽量か？　というとそうも言い切れません。アルミホイールが多く使われるのは、単にファッショナブルだからという面もあるのです。

第6章 足回り系・ブレーキとタイヤ／ホイール

ホイールの寸法

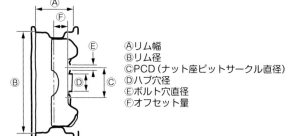

Ⓐリム幅
Ⓑリム径
ⒸPCD（ナット座ピットサークル直径）
Ⓓハブ穴径
Ⓔボルト穴直径
Ⓕオフセット量

ホイールを購入する場合には、左記のⒶ〜Ⓕを抑えておくことが重要になる。Ⓕのオフセット量（インセット）は、間違えるとブレーキキャリパーなどに干渉する場合がある。

スチールホイールとアルミホイール

①スチールホイール

②アルミホイール

スチールホイールは、重くて錆びるなどの欠点がある。アルミホイールは、つくり方によっては軽量化でき、また見た目もファッショナブルになることから、現在では主流となった。

ホイールの製造方法

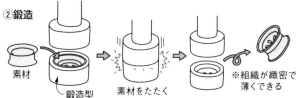

鋳造アルミホイールは、鋳型にアルミ合金を流し込めば比較的コストが低い。対して鍛造は素材を叩くようにしてつくる。コストがかかるが鋳造と同じ強度なら軽量につくれる。

POINT
◎ホイールは、サイズを含めて車種に合わせたものを選ぶ必要がある
◎アルミホイールは軽量、スチールホイールは重くなる傾向になる
◎アルミホイールは、鋳造製と鍛造製で価格も性能も大きく異なる

2-3 重いタイヤとホイールが乗り心地に影響する理由

サスペンションの項でも触れましたが、クルマの走行性能には「バネ下重量」が関係しています。これはタイヤやホイールに関してもいえることで、ここが重いと、乗り心地が悪くなる場合があります。

ダブルウイッシュボーン、ストラット、あるいはリジッドなどの形式に関わらず、**サスペンションはスプリングとショックアブソーバーでタイヤの上下動を制御します**。同じ**バネ定数**（スプリングレート）とショックアブソーバーの**減衰力**で考えれば、基本的に軽いタイヤのほうが路面への追従性が良くなります（上図）。

▌タイヤとホイールが軽いとフットワークが良くなる

タイヤが重い場合、路面から大きな入力が入り、スプリングは急激に縮むとともになかなか伸びようとしません。逆に伸びはじめると急に伸び、重いタイヤによるショックアブソーバーの減衰力の不足から、振動の収まりも悪くなります。

もしこれが軽いホイールとタイヤであれば、スプリングとショックアブソーバーが十分な作動をしますから、路面への追従性も良くなります。これは乗り心地だけに限りません。

たとえばエンジンの力で重いタイヤ、ホイールを回転させるのと、軽いタイヤ、ホイールを回転させるのでは、後者のほうが少ない力で動かせます。ブレーキでも重いものが回転しているのと、軽いものが回転しているのを止めるのでは後者のほうが力が少なくて済み、ブレーキへの負担も減ります（下図）。

▌ホイールは強度の問題も重要。また理論どおりにはいかない面もある

もちろん、クルマをトータルで見たときの重量も軽くなります。ただ、タイヤはともかく、ホイールは軽ければいいといっても強度の問題がありますから、おのずと限界があります。

先述したように、こういう面でも「見た目重視」のアルミホイールは重くなりがちで、走行性能ということで見るとデメリットが出る場合がありますので注意が必要です。

ただ、理論的には性能が上がるといっても、体感としてはこのとおりにならないこともあるので注意が必要です。乗り心地にはタイヤの**偏平率**（129頁下図参照）やサスペンションの動きなど複雑な要素が絡み合っているからです。

高額の軽量ホイールを装着しても、乗り心地の良さはあまり感じられないという場合もありますから、その辺は専門店などとの相談が必要になるでしょう。

第6章 足回り系・ブレーキとタイヤ／ホイール

バネ上重量とバネ下重量

バネ上とは、エンジン、ボディなどクルマの上部にある本体側。バネ下とは、スプリングによって可動するサスペンションやその構成パーツ、タイヤ、ホイール、ブレーキシステム、ドライブシャフトなどが含まれる。相対的にバネ上が重くバネ下が軽いと路面からの突き上げが少なく、種々の条件にもよるが乗り心地も良くなる傾向となる。タイヤは軽量なものを選択するのは難しいが、ホイールを軽量化するのはバネ下重量の低減となる。

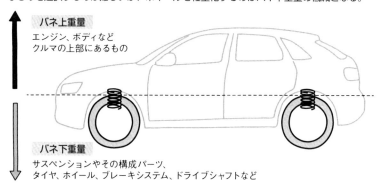

バネ上重量
エンジン、ボディなど
クルマの上部にあるもの

バネ下重量
サスペンションやその構成パーツ、
タイヤ、ホイール、ブレーキシステム、ドライブシャフトなど

タイヤ、ホイールの軽さが走行性能に与える影響

タイヤ、ホイールが軽くなるということは、クルマ全体から見ても軽量化になる。また、同じエンジンパワーならば、軽いものを駆動することになるし、ブレーキング時にしても軽いものを止めることになるので、全体的な性能アップに貢献するといえる。とはいうものの、現実的にはなかなか体感するのは難しい面もある。

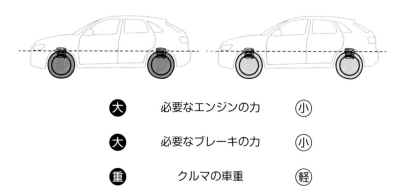

〈重いタイヤ、ホイール〉　　〈軽いタイヤ、ホイール〉

大	必要なエンジンの力	小
大	必要なブレーキの力	小
重	クルマの車重	軽

POINT
◎タイヤ、ホイールの重量はバネ下重量に含まれ、乗り心地、運動性能に影響する
◎軽量ホイールは、条件しだいでサスペンションの性能を活かすことになる
◎加速性能やブレーキング性能にもホイールの重さが影響する場合がある

インチアップした場合の空気圧

タイヤには指定空気圧があります。乗用車では運転席のドアを開けると、ボディ側にラベルが貼ってあることが多く、それで確認できます。基本はそれに合わせますが、インチアップの場合は少し面倒です。

タイヤ空気圧は、最大負荷の指数を目安にした決め方があります。タイヤには92、93、94、95などのロードインデックス（LI）表示がされています。これは一定の空気圧によって、タイヤ1本で支えられる最大負荷を表します（129頁の下図参照）。

■ **ロードインデックスと指定空気圧で最大負荷が決まる**

たとえばJATMA規格でロードインデックスが95の場合は、指定空気圧が240kPaだったとして最大負荷690kgを表します。逆にいえば690kgというのは、どの空気圧でも保証されるというものではなく、240kPaの空気圧を入れたときに発揮できるということです（表①のアミの部分）。

車種によってはインチアップしたときの空気圧の指定がラベル表示されているときもありますが（オプションなどでそのサイズのタイヤが設定されている場合）、現在は流行もあり、それを超えるインチアップをするケースも見られます。

その場合に、インチアップしたタイヤの表示を見ると、ロードインデックス表示が下がるケースがあり、もともとクルマに指定された空気圧を入れても、最大負荷に達しなくなってしまいます（表のキャプション参照）。

先述のように空気圧を高めれば最大負荷の指数も上がるので、単純に空気圧を高めればいいとも言えるのですが、JATMA、あるいはETRTOスタンダードではその最大負荷指数までの空気圧の設定ができない場合があります。

■ **エクストラロード(XL)規格ならば、LIが上がり最大負荷が担保できる**

ここでタイヤの規格について触れておきます。じつは日本の規格と欧州の規格では、同じロードインデックス表示のタイヤで同じ空気圧に設定しても、最大負荷の指数が違っています。日本ではJATMA、欧州ではETRTOスタンダードという規格があります（表①②）。簡単にいうと、ブリヂストンなどの国産タイヤの場合はJATMAを、ミシュランなどの欧州タイヤはETRTOと考えておけばいいでしょう。

一方、インチアップした場合の最大負荷指数に対応するためにETRTOのエクストラロード（XL）規格というものがあります。これは、より高い空気圧にすることで最大負荷に対応できるように補強されたタイヤです。これなら、ロードインデックスが上がり、より高い空気圧が可能になるので最大負荷も同等にできます（表③）。

空気圧によるロードインデックス(LI)と最大負荷

JATMAで195/65 R15、ロードインデックス(LI)が91の場合、最大負荷は615 kg(※1)。それを215/45 R17にインチアップすると、LIが87に下がってしまい、空気圧を240 kPaとしても最大負荷が545 kgになる(※2)。また、ETRTOスタンダードでは215/45 R17、LIが87とすると、250 kPaでも最大負荷は545 kg(※3)で、やはり標準の615 kgに足りない。一方、ETRTOのエクストラロード(XL)規格にすると、215/45 R17のLIが91となり、290 kPaとすれば最大負荷が615 kg(※4)となって標準タイヤと同等になる。

①JATMA

Load Index	空気圧（kPa）						
	180	190	200	210	220	230	240
87	460	475	490	505	520	530	545 ※2
⟨⟨				⟨⟨			
91	520	535	555	570	585	600	615 ※1
92	530	550	565	585	600	615	630
93	550	565	585	600	620	635	650
94	565	585	600	620	635	655	670
95	585	600	620	640	655	675	690

②ETRTOスタンダード

Load Index	空気圧（kPa）							
	180	190	200	210	220	230	240	250
87	420	440	455	475	490	510	525	545 ※3
⟨⟨				⟨⟨				
91	475	495	515	535	555	575	595	615
92	485	505	525	550	570	590	610	630
93	500	520	545	565	585	610	630	650
94	515	540	560	585	605	625	650	670
95	530	555	575	600	625	645	670	690

③エクストラロード(XL)

Load Index	空気圧（kPa）				
	250	260	270	280	290
87	485	500	515	530	545
⟨⟨			⟨⟨		
91	545	565	580	600	615 ※4
92	560	575	595	615	630
93	575	595	615	630	650
94	595	615	635	650	670
95	615	630	650	670	690

POINT
- ◎タイヤの最大負荷はロードインデックスと空気圧によって変わってくる
- ◎規格にはJATMA、ETRTOスタンダード、エクストラロード(XL)がある
- ◎インチアップした場合、XL規格のタイヤを使用すれば解決する場合もある

タイヤの性能と寿命

タイヤは消耗品ですから、走っているうちに摩耗していきます。タイヤが摩耗するとタイヤの性能にも影響してきますし、摩耗の進んだタイヤを使用するのは大変危険です。時にはチェックしましょう。

タイヤには**トレッドパターン**と呼ばれる溝があります。これは特に排水性を保つために重要な部分です。夏タイヤの場合「**スリップサイン**」が出てくると摩耗限界となり、車検でも整備不良とみなされます（上図）。

このスリップサインが出てくるのは残溝が1.6 mmとなったときです。こうなったらタイヤを速やかに新品に交換することが必要です。そうしないと、**ハイドロプレーニング現象**などの危険な状態になる場合があります（下図）。

▰ 溝が残っていてもタイヤの性能が落ちている場合がある

新品タイヤに交換したときは、100 kmくらいは慣らし走行をするといいでしょう。そこまではなるべく穏やかに走り、ホイールとの馴染みや表面の皮むきなどをするとより安全であると同時に長持ちさせることができます。

古いタイヤでも、あまりクルマに乗らない場合はタイヤのトレッドパターンが残っていることがあります。このケースではタイヤが劣化していることがあるため注意が必要です。

それはタイヤを見たときにトレッド部やショルダー部にひび割れが起きていたりすることでわかります。タイヤはゴム製品ですから、経年劣化が起きますし、コンパウンドの硬化によってグリップの低下だけでなく、パンク、バーストにつながりますので、5年程度経過したタイヤは使用限界と考えて交換することをお勧めします。

▰ タイヤを良い状態にしておくには適度に走ったほうがいい

硬化させないという面では、あまり走行しないクルマに装着したタイヤよりも、適度に走行しているタイヤのほうが柔軟性を保つことができますから、長持ちをさせるには、急激に摩耗するような激しい走りをしない程度に、適度にドライブをするのが良いといえるでしょう。

厳密にいえば、タイヤが摩耗するということは、単にタイヤパターンの溝が少なくなってくるということだけではなく、摩耗した分だけ外径が小さくなってきますから、路面と接触する面積が少なくなるということです。現実には乾いた路面の日常走行では、性能の違いというのは感じることができませんが、たとえば急ブレーキが必要な非常時にはそれが影響する場合もありますので注意が必要です。

第6章 足回り系・ブレーキとタイヤ／ホイール

⚙ スリップサイン

タイヤはスリップサインが出たら摩耗限界。トレッドパターンは特に排水性を保つ部分であり、タイヤについてはいちばん注意したい部分。残り溝が1.6 mm以下では車検も通らない。

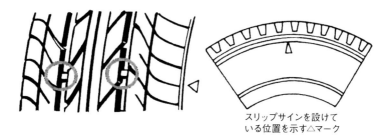

スリップサインを設けている位置を示す△マーク

⚙ ハイドロプレーニング現象

残りの溝が少なくなると、ハイドロプレーニング現象が起きやすくなる。これは、トレッドパターンによる排水ができずに、水の層にタイヤが乗ってしまうことによって起きる。こうなるとクルマのコントロールは効かなくなってしまい、非常に危険だ。

①低速　②タイヤの浮き上がり　③高速、滑走

〈ハイドロプレーニングによるクルマの動き〉

```
◎タイヤはスリップサインが出てきたら要交換。残り溝1.6 mm以下は即交換
◎すり減ったタイヤはハイドロプレーニング現象が起きやすくなる
◎トレッドパターンがあっても、古いタイヤは性能が劣化していることがある
```

2-6 タイヤの保管方法

普段履いている夏タイヤと冬用のスタッドレスタイヤなど2セットのタイヤを持っていると、タイヤの保管が必要となります。保管時にポイントとなることについて考えてみましょう。

　タイヤは自分で交換（脱着）する場合とショップなどで交換する場合がありますが、まず問題となるのが外したタイヤの移動と保管スペースです。特にホイールが付いたままだと、アルミホイールを履いていたとしてもかなり重いですし、それが4本となると女性や年配の方は、移動するだけでも一苦労となるかもしれません。

◼️タイヤは雨や直射日光が触れないところで保管する

　クルマから外したタイヤは、屋内で保管するのが理想です。ガレージがあるなら、そこで保管するのがいいでしょう。野ざらしで日光や雨に当ててしまうと、タイヤの劣化を早めてしまいます。

　タイヤに限りませんが、ゴム製品は、日光、オゾン、熱、水などに長期間さらされていると劣化が早まります。日光に直接当てていると、**オゾンクラック**というひび割れが生じてきます（上図）。これが直接の原因でバーストしてしまうというよりは、このような状況では、ゴムの劣化により、**カーカス（コード）**の強度、粘着力が弱まっているということなので（128頁参照）、そのタイヤの使用は避けたほうがいいでしょう。

　以上のようなことを考えると、タイヤ専門店などでは有料でタイヤを保管している場合がありますから、そういうシステムを利用するのも1つの選択肢です。

◼️タイヤは下にダンボールなどを敷いて横重ねにすると良い

　自分でタイヤを保管する場合に心がけたいポイントの1つは、まずタイヤにチョークなどでもともとの装着位置を記入しておくことです。タイヤは各輪で摩耗の仕方が若干でも違う場合がありますから、元の状態にするには元の位置に戻すというのが基本です。

　また、駆動輪はどうしても摩耗が多くなりますから、それが目立つようなら**タイヤローテーション**の必要性があり、そのときにも目印となり便利です（中図）。

　ホイール付きのタイヤを保管する場合には、変形を避けるために横に重ねて置くのが基本になります。下にダンボールやスノコを置いてタイヤを重ねるとタイヤの薬品による色移りを防ぐことができます（下図）。縦に並べてしまうとタイヤが変形する可能性があるのであまりお勧めできません。

タイヤに発生するオゾンクラック

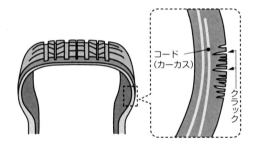

日光に当たっているとオゾンクラックなど、タイヤにひび割れが発生する場合がある。浅いものなら問題は少ないが、タイヤのコードにまで達するような深いものが発生していたら交換が必要。そういう面でもタイヤの保管場所が重要になる。

タイヤローテーション

摩耗が出はじめたらタイヤのローテーションを行なうが、①目安は5000km走行ごと、②前輪と後輪を交換するのが基本、③FF車は前輪の負担が大きく磨耗しやすいためFR車より早く行なう、のがポイントになる。

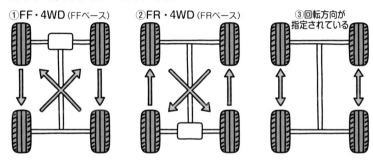

タイヤの保管方法

タイヤの保管は風通しの良い屋内で雨や汚れが防げる場所がベスト。ホイール付きの場合は図のように横向きに積み重ねる。縦にしてしまうと接地面が変形する可能性があるので注意。また、空気圧は半分程度に抜いておくとタイヤには負担が少なくなる。

POINT
- ◎日光に直接当てると、オゾンクラックなどにより交換が必要になる場合もある
- ◎保管できる場所がない場合は、タイヤショップにお願いする方法もある
- ◎タイヤは風通しのいい屋内に、横方向に積み重ねて保存するのが良い

COLUMN 6

ブレーキブースターを外した
レーシングカーに乗る!

　ブレーキにはブレーキブースターがないと効きが足りないと書きましたが、ブレーキブースターを取り外したクルマというのもあります。そうしたクルマに乗ったときの話です。

　ランサーエボリューションのレース仕様（ダートトライアル仕様）に乗ってダートトライアルに参加しました。自分のクルマではなかったのですが、「しっかり踏めば大丈夫だから」とアドバイス？　されたものの、いきなり乗るのはちょっと不安でした。

　なぜわざわざブレーキが効かないようにしたのか？　というのには理由があります。ブレーキブースターが付いていると、速さを争うレースではいきなりブレーキが効きすぎて、コーナーの進入速度が落ちてしまうということがあります。

　また、もっと大きな理由はブレーキのコントロール性が高まるということです。ブレーキブースターを外すとたしかに初期のブレーキの効きは大きく落ちますが、ブレーキペダルを踏めば踏んだだけリニアに効くという面もあり、あえてそうした仕様にしているわけです。

　それまでもダートトライアルに参加したことはありますが、ブレーキブースターレスのクルマは初体験。コーナーの進入ではかなり強くブレーキを踏んだつもりでもなかなか減速しない恐怖もありましたが、慣れてくるとたしかに踏んだ分だけ効く感じです。

　借り物のクルマだったので、どうしても安全マージンをとった走りになってしまいましたが、独特のダイレクトな感覚はいかにもモータースポーツ専用車という感じで好ましいものでした。

　かといって、一般道でそれをやろうとは思いません。あくまでもサーキット内で、人の飛び出しなどの緊急事態がないという前提があっての仕様ということです。

第7章

電装系・エンジンの電気系、チェックランプ系、灯火類

Electric system of the engine,
check lamp, lights

1. エンジンの電気系

バッテリーの構造とチェックの仕方

クルマに必要な発電はオルタネーター(交流発電機)で行ないますが、エンジンを始動させたり、発電量以上の電力を要する場合はバッテリーに蓄えた電力が必要となります。

バッテリーは鉛電池です。これが化学反応を起こして放電したり、**オルタネーター**によって充電されることで、クルマの電装系の電力をまかなっています。バッテリー内部は、酸化鉛でできた**陽極板**と鉛でできた**陰極板**が**セパレーター**によって仕切られ、**電解液**の中に浸されています。これは充電されている状態では希硫酸です。

▌バッテリーは化学変化を利用して充電、放電する

バッテリーが放電をはじめると、陽極の酸化鉛と陰極の鉛が希硫酸と化学変化を起こして、ともに硫酸鉛となります。そのとき電解液の希硫酸には水分が多くなっていき、最終的には電気を発生することができなくなってしまいます。これを「**バッテリー上がり**」といいます(146頁参照)。

通常はバッテリー上がりを起こす前に適宜オルタネーターが充電します。この際には放電とは逆の化学反応を利用します。オルタネーターによって発電された電気がバッテリーに入ってくると、放電によって硫酸鉛になっていた陽極が酸化鉛に、陰極が鉛に戻り、結果的に電解液の中の希硫酸が増えます。これで再び放電が可能になるわけです(上図)。

▌電解液が減っていたら、補充が必要になる

充電のとき、電解液の中の水が電気分解されて陽極に酸素ガス、陰極に水素ガスができます。このためバッテリーを使っていると、電解液が次第に少なくなっていき、補充が必要になります。バッテリーをチェックしたときに**バッテリー液**(電解液)が下限になっているようなら、精製水を液口栓から補充することによって、バッテリーを良好な状態に保つことができます(下図)。

現在では**メンテナンスフリー**(MF)バッテリーと呼ばれるものが多くなりました。これは、電解液を充電したときの電気分解や自然放電をしにくい構造としてメンテナンスフリー化したものです。

ただ、メンテナンスフリーといっても、まったくメンテナンスの必要がないわけではなく、インジケーターによって充電不足や液不足をチェックすることが大切です。MFバッテリーは調子よくセルモーターが回っていたとしても、急に性能が低下してエンジン始動ができなくなる場合もあるので、注意が必要です。

第7章 電装系・エンジンの電気系、チェックランプ系、灯火類

✿ バッテリー放電中・充電中の状態

バッテリーは化学変化によって放電・充電が行なわれる。放電は陽極の酸化鉛と陰極の鉛が希硫酸と反応し、両極が硫酸鉛となる。一方充電中は、硫酸鉛だった陽極が酸化鉛に、陰極が鉛に戻り、電解液が希硫酸となる。

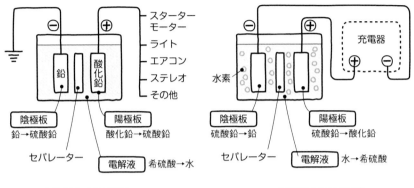

①放電中の化学変化　　　　　　　　　②充電中の化学変化

✿ バッテリーの電解液の補充

メンテナンスフリーのバッテリーでない場合には、電解液が減少したら注ぎ足すことが必要になる。バッテリーの液口栓を開けて、それぞれの口から精製水を注ぐ。バッテリーの寿命が来ていなければ、こうすることでまた元の性能を発揮できるようになる。バッテリーは液不足のままで使用していると爆発することがあるので要注意。

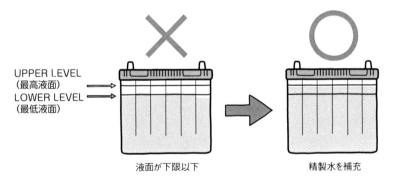

◎バッテリーは鉛電池。化学変化で放電、充電が行なえるようになっている
◎電解液は徐々に減ってくるので、規定値以下になったら補水が必要になる
◎メンテナンスフリーのバッテリーもあるが、最低限のチェックは必要

バッテリーの交換（サイズの見方）

バッテリーは必ず寿命がありますから、いつかは交換が必要となります。バッテリー自体の性能や使い方によってもそのサイクルは違ってきます。バッテリーをDIYで交換する際のポイントを紹介します。

　前項で解説したように、メンテナンスとして**電解液**の補充などをしていても、**バッテリー**には経年劣化があり、いずれ交換が必要となります。

　セルモーターの回転が鈍くなったり、電解液の減り方が早くなったり、ヘッドランプの明るさがエンジン回転によって変わるなどの症状が出てきたら交換のサインです。

■**バッテリーを自分で交換する際には端子の取り扱いに注意する**

　バッテリー交換の作業自体は決して難しいものではありません。まず、エンジンを切った状態で、バッテリーをクルマに固定してあるステーをメガネレンチなどで外します。そして、これもメガネレンチを使用してマイナス端子、プラス端子の順番で端子につながっているコードを外します（上図）。

　多くのクルマで、バッテリーはエンジンルーム内にあります。これをエンジンルームから取り除きます。はじめて自分でバッテリーを交換する方だと結構重いので戸惑うかもしれません。しっかりと持って、エンジンルーム内やボディの上に落とさないように気をつけてください。もちろん、外して地面に置くときにも静かに置くようにします。

■**バッテリーにはサイズがある。自分のクルマのものはしっかりと確認**

　新しいバッテリーを装着する際には、まずは元の位置にバッテリーを固定します。ステーを元どおりにはめて、バッテリーにぐらつきがないことを確認します。その後にバッテリー端子をつなぐわけですが、このときには外した順番の逆でプラス端子、マイナス端子の順でつなぐようにします。

　バッテリーを自分で購入する際には、サイズと端子の向きに注意が必要です。バッテリーにはクルマによってサイズと電極の向きがあります。たとえばJIS規格では「55B24R」のように表示されています。

　これはバッテリーの性能ランク、大きさ、電極の向きなどを表したものです（**バッテリー形式**）。誤ったものを購入してしまうと、容量が小さすぎてもちが悪かったり、電極の向きが反対で搭載できないといったことも考えられるので、事前のチェックが重要なところです（下図）。

第7章 電装系・エンジンの電気系、チェックランプ系、灯火類

バッテリー端子の外し方、取り付け方

バッテリーの端子は、まずマイナスから外し、続いてプラスを外す。取り付ける際は、プラスを付けてからマイナスを付ける。これを間違えるとショートの危険があるので注意。

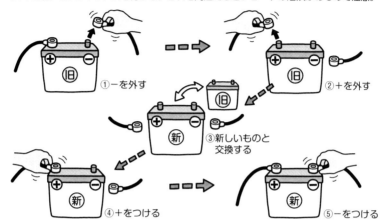

① −を外す
② +を外す
③ 新しいものと交換する
④ +をつける
⑤ −をつける

バッテリー形式の見方

JIS規格の場合、バッテリーの表示は性能ランク、バッテリーの短側面サイズ、長さ寸法、極性の位置を示す。厳密に同じサイズでないと使えないというわけではないが、極性の位置が逆だとバッテリーが装着できないので、特に注意が必要。

55B24R

● 極性の位置
⊕⊖端子の位置を示す。

● 長さ寸法
バッテリーの長側面の長さ(cm)

● 性能ランク
バッテリーの総合性能(容量や始動性)を表す。数値が高いほど高性能。50未満は2刻み、50以上は5刻みで数字が上がる。

38、40、42、44、50、55、60、70 など

● 短側面のサイズ
JIS規格で幅×高さの区分が決まっている。小さいものから順にA〜Hまである(8段階)。
短側面の大きさ=幅×箱高さ(mm)

A 127×162
B 129(127)×203
C 135×207
D 175×204
E 176×213
F 182×213
G 222×213
H 278×220

Rタイプ
Lタイプ
記号なし

POINT
◎バッテリー端子を外すときはマイナスから外す
◎バッテリー端子を付けるときはプラスから付ける
◎バッテリーにはサイズと端子の位置の違いがあるので購入の際には注意

1-3 バッテリー上がりを起こした場合の対処法

「バッテリー上がり」というのは、クルマのトラブルでいちばん多いものでしょう。いざエンジン始動というときにセルモーターが回らないということになり、非常に困りますが、対処方法はあります。

バッテリーが劣化していると、完全放電したまま充電ができなくなってしまうバッテリー上がりという現象が起こります。また、バッテリーが新しくても、うっかりランプ類をつけっぱなしにしていたりすると、バッテリー上がりが起こります。こちらは充電すれば、その後もバッテリーは使える可能性があります。

いずれにしても、このような事態が起きると、エンジンをスタートしようと思ってもセルモーターが回らず、エンジンが始動できないという症状になり非常に困ります。

■とりあえずエンジンをかけるならば他車の力を借りる

バッテリーが上がる前に交換や充電ができるなら問題ありませんが、上がってしまったらなんとかするしかありません。基本的な方法としては、他車のバッテリーと自車のバッテリーをジャンピングコードでつなぎ、エンジン始動させるという手があります。

このとき気をつけたいのが、コードでつなぐ電極を間違えないことです。まず自車のバッテリーのプラスと他車のバッテリーのプラスをつなぎ、他車のバッテリーのマイナスと自車のエンジンの金属の部分（マイナスでもいいですが、このほうが安全）をつなぎます（上図）。

■うっかり放電ならば、充電すればバッテリーは復活する

この状態で他車のエンジンを始動し、次に自車のエンジンがかかったら、マイナスコード、プラスコードの順番に外します。放電しただけでバッテリーが生きている場合には、その後、充電器で充電すれば大丈夫でしょう。

半ドアやライトの消し忘れなどうっかりしてバッテリー上がりを起こした場合には、充電器で充電するという手段もあります（下図）。充電器は安価なものから高価なものまで市販されていますが、家庭用100V電源からコードでプラス端子、マイナス端子につなぐだけで充電できるものなどが手軽です。

現在はJAFや自動車保険会社などのロードサービスも充実していますから、そうしたものに加入していれば、お任せでエンジン始動だけはしてくれますが、それでOKというわけではなく、場合によってはバッテリー交換などが必要となります。

第7章 電装系・エンジンの電気系、チェックランプ系、灯火類

他車のバッテリーとつないでエンジンを始動する方法

とりあえずエンジン始動するために、他車(救援車)のバッテリーの電力を借りる方法がある。自車と他車のバッテリーのプラスとプラスをつなぎ、次いで他車のマイナスと自車のエンジンブロック(エンジン周辺の金属部分)などをつなぐ。エンジンが始動したら、マイナス、プラスの順番でジャンピングコードを外す。

〈自車(バッテリーあがり)〉　〈他車(救援車)〉

❶自車のバッテリーの＋端子に赤のコードを、他車のバッテリーの＋端子にその反対側をつなぐ(①②)。
❷他車のバッテリーの−端子に黒のコードを、自車のエンジンの金属部分にその反対側をつなぐ(③④)。
❸他車のエンジンをかけて回転数を上げてから自車のエンジンを始動する。
❹自車のエンジンが始動したら④→③→②→①の順にコードを外す。

うっかりしてバッテリー上がりを起こす例

バッテリーは劣化していないものの、ライトのつけっぱなしなどでうっかり放電してしまった場合には、充電器で充電すればバッテリーが復活する可能性もある。家庭で使う簡易で安価なものもある。修理工場などに依頼すればより安心。

①エンジン停止の状態で送風やオーディオを過剰に使用する
②ライトの消し忘れや半ドア
③あまりクルマに乗らない

POINT
◎バッテリー上がりはバッテリー劣化やうっかりして放電した場合などに起こる
◎コードを使用する場合、つなげる電極を間違えないように注意する
◎バッテリーが劣化していなければ、充電器の使用で再び使用できるようになる

1-4 補器類のベルトのチェック

オルタネーター、ウォーターポンプをはじめとしたエンジン補器類の働きは重要ですが、それらはエンジンのクランクシャフトの回転を利用して、ベルトによって駆動されています。

エンジンの**クランクシャフト**の回転は外部にプーリーで取り出されています。これが回転することで、発電に必要な**オルタネーター**、冷却水をエンジン内部に循環させる**ウォーターポンプ**などをはじめ、油圧パワステのポンプ、エアコンのコンプレッサーなども駆動しています（上図）。

▌エンジンの回転をベルトで伝え、補器類を駆動する

この回転にはVベルトやVリブドベルトといったゴム製のパーツを使用しています。かつてはVベルトが多かったのですが、現在では幅広で接地面の多いVリブドベルトが主となっています。

いずれにしても、ゴム製ということは寿命がありますし、調整の具合によっては緩みが発生することがあります。ひとくちに寿命といっても、期間で断定できるものではありません。確実なのはベルトを外して目視点検することですが、なかなか簡単にはいかないと思います。

ベルトは1本だけでなく、たとえばウォーターポンプと**パワステポンプ**が別のベルトで駆動されていることがあります。この場合、パワステポンプのものが切れたのであれば、ハンドルが重くなるだけで済みますが、ウォーターポンプだと、すぐにオーバーヒートにつながり、エンジンにとっては厳しい状態になります。

▌安心なのは定期的な交換と緩んだら調整してもらうこと

チェックのポイントですが、ベルトを外して点検したときに、目視点検で亀裂（ひび）が入っている場合にはすぐに交換が必要です（下左図）。自分でベルトを外せる人ならば、そうしたチェックも可能ですが、一般的にはプロにチェックしてもらうか、定期的な交換（車検時など）というのが安心でしょう。

また、ベルトの緩みでキュルキュルとエンジン周辺から音がする場合もあります。これもすぐにクルマが動かなくなってしまうというトラブルではありませんが、オルタネーターならば発電不足などのトラブルにつながりかねません。

VベルトとVリブドベルトでは張り具合が違ってくる難しさもありますが、ベルトの張り具合を調整すれば治る可能性が高いですから、自分でできる人は調整し（下右図）、できない人は修理工場などに依頼するのがいいでしょう。

第7章 電装系・エンジンの電気系、チェックランプ系、灯火類

ベルトで駆動されるエンジンの補器類

オルタネーター、ウォーターポンプ、エアコンコンプレッサー、パワーステアリングポンプ（パワステポンプ）などは、クランクシャフトの回転から取り出されるプーリーの回転によって駆動される。ここで使用されるベルトに緩みや切れなどが発生してしまうと、大きなトラブルにつながることになる。

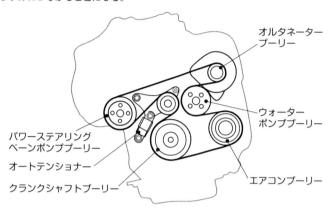

オルタネータープーリー
ウォーターポンププーリー
パワーステアリングベーンポンププーリー
オートテンショナー
クランクシャフトプーリー
エアコンプーリー

Vベルトのチェック方法

Vベルト（Vリブドベルト）を外すことができれば、内側の亀裂をチェックすることによって寿命が判断できる。

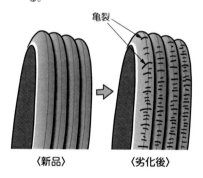

亀裂

〈新品〉　〈劣化後〉

ベルトの張りのチェック

VベルトとVリブドベルトでは「張り」が重要となる。特にVリブドベルトはかなり強く張る必要があり、張力の測定は専用測定器（ベルトテンションゲージ）を使用したほうが安心。

ベルト

POINT
◎VベルトやVリブドベルトによって、オルタネーターなどが駆動される
◎ベルトが切れると、クルマの大きなトラブルにつながる場合がある
◎ベルトは「切れ」だけでなく緩みが発生したら調整や交換が必要になる

ECUのプログラム

ECU（エレクトロニック・コントロール・ユニット）は現代の自動車エンジンの要です。主にガソリンの噴射量をコントロールする頭脳といえますが、この制御について知るだけでも燃費向上につながります。

現代のエンジンはコンピューター制御となっています。そう聞くととても難しいものと感じてしまうかもしれませんが、コンピューターがやっている主要なことは燃料噴射量の調整で、**電子制御式インジェクション**と呼ばれたりします。どのようなときに燃料噴射量が多くなるかを知ることで、燃料噴射をある程度コントロールすることができます（上図）。

■毎日「チョイ乗り」しかしないと燃費が悪い理由は?

たとえば、エンジン始動直後は、暖気が終わるまでガソリン噴射量が多くなっています。これはエンジンを始動しやすくするためと、エンジンの**暖気**のためです。エンジン始動時の**燃料噴射量**がもっとも多く（下図❶）、エンジン始動後、暖気が終わるまで、ガソリン噴射量は徐々に減らされていきます（下図❷）。

これが何を意味するかというと、たとえば、毎日乗っていても10分程度しか走らせていないと、暖気が終わらないうちに走り終わってしまうということです。これでは常に燃料が濃い状態で、そのクルマ本来のエンジンの燃費性能を引き出すことはできません。

暖気が終わった時点で適正な空気とガソリンの混合割合となり、**燃費**はもちろんそのエンジンの性能が十分発揮されるわけですから、やはりある程度の走行距離が必要になります。

■アクセルオフで減速していると、燃料噴射はストップする

アクセルを踏み込むと、吸気量が多くなると同時にそれに合わせて燃料噴射量も多くなります。したがってムダなアクセルオンを控えることが好燃費につながることになります。信号待ちなどのゴーストップが多いとアクセルを踏み込むことが多くなりますから、やはり燃費的には不利です。

また、基本的に走行状態（ギヤが入った状態）でアクセルをオフにすると、燃料噴射はカットされます（下図❸）。この間は惰性で走っているだけということですから、こうした区間を長くすれば長くするほど燃費的には良くなります。

たとえば前方の信号が赤なのにアクセルを踏んで加速する……ということがどれだけムダか？　ということもこのようなしくみを知ることでわかります。

第7章 電装系・エンジンの電気系、チェックランプ系、灯火類

ECUとセンサー、スロットルバルブ、フューエルインジェクターの関係

エンジンは各部のセンサーの情報からECUが管理している。一見複雑だが、フューエルインジェクターによる燃料噴射は、スロットルバルブを開いたときの吸気量によるところが大きい。そのことを知るだけでも効率的な走り方が理解できる。

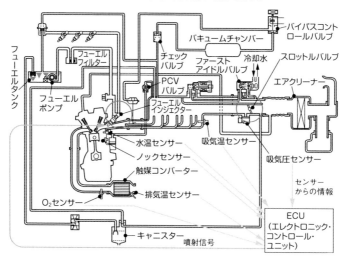

ある程度わかる燃料噴射のパターン

たとえば、エンジン始動直後はECUからの指令で燃料噴射量が多い。この範囲しか使わなければどうしても燃費悪化は避けられない。アイドリングでも燃費は悪化する。下り坂などでアクセルオンすると、せっかくの燃料カットが使えずに燃費には良くない。

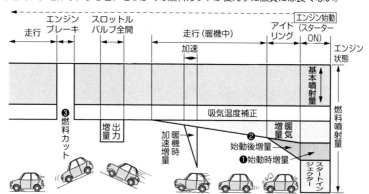

POINT
◎ECUで制御する現在のエンジンも、アクセルでコントロールできる部分がある
◎アクセルオンやアイドリングが多い走り方をすると燃費が悪化する
◎走行中にアクセルオフすると燃料カットが働くために、燃費的には有利になる

ECUの各部センサーの位置と役割

現在のクルマは、すべて電子制御式インジェクションを使用してエンジンを動かしているといっていいでしょう。その中核となるのがECU（エレクトロニック・コントロール・ユニット）と各部センサーです。

クルマのエンジンが**キャブレター（気化器）**による燃料供給から**電子制御式インジェクション**に代わって久しくなりました。キャブレターではスロットルバルブ開度に応じて燃料が空気に交じるわけですが、インジェクションでもその結果自体は変わりません。

ただ、電子制御により、より緻密にそれができるようになったということです。**吸入空気量はエアフローメーター**というセンサーで感知して、それに応じたガソリンが供給されます（16頁参照）。

■ECUにはエンジンのあらゆる情報がセンサーによって集められる

ECUにより、燃料噴射以外のコントロールも可能になったのが、現代のクルマの進化につながっています。ECUには、吸気圧センサー、吸気温センサー、エンジン回転センサー、スロットル開度を認識する**スロットルポジションセンサー**、車速センサー、水温センサーなど、エンジンをより良い状況で動くようにするための情報が集まります（上図）。

エンジン回転が高くなると、点火時期を**進角**※させないと燃焼が追いつかなくなってきます。そのためにECUでは点火時期の進角も制御しています。ここは**TDCセンサー（上死点センサー）**が受け持ちます。ここからの情報で高いエンジン回転でもタイミング良く燃焼できるようにしているわけです。

■ノッキングを防止する遅角や排ガスのクリーン化もECUが指示を出す

また、エンジンを守るためや環境性能を守るためのセンサーもあります。エンジンに深刻なダメージを与える可能性のある**ノッキング**（12頁参照）を感知して、点火時期を遅角させるノックセンサー、三元触媒を有効に働かせるためのO_2センサーがそれに当たります。

各センサーからの情報を得たECUは、その時々に応じた指令を出します。基本は**フューエルインジェクター**がそれらの情報をもとに適切な量の燃料を噴射します（下図）。ECUには「どのセンサーからどのような情報が来たら、どのように対処する」というデータが書き込まれていますから、これによってエンジンの緻密な制御が可能になっているのです。

※ 進角：エンジンの点火時期、吸排気バルブの開閉タイミングなど、クランクシャフトの回転角度によって動くパーツの作動タイミングを早めること

第7章 電装系・エンジンの電気系、チェックランプ系、灯火類

エンジンルーム内の各種センサーの例

ドライバーの意思を直接反映するのはスロットルポジションセンサーだが、その他のさまざまなセンサーがエンジンの状況をECUに伝え、その情報をもとにエンジンは良好な状態に保たれる。センサーは現代のエンジンでは不可欠のパーツだ。

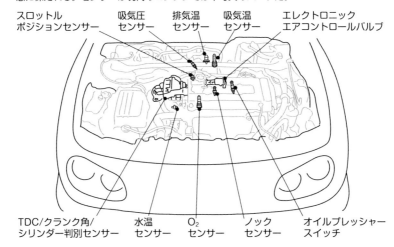

電子制御式インジェクションの作動

ドライバーがスロットルバルブを操作すると、ECUにエアフローメーターから吸入空気量の信号が送られガソリンが噴射されるが、それだけでなく、大気温、冷却水温などが加味され、そのときに適切な燃料となる。O_2センサーは排気ガス中の酸素の量から燃料噴射量を調整し、理論空燃比（14頁参照）に近づけ触媒を有効に働かせる。

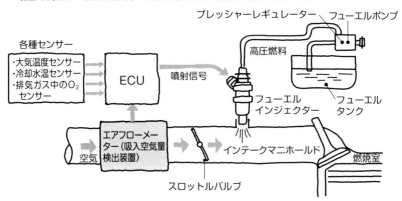

POINT
- ◎エンジン各部にはそのときの状態を知るためのセンサーが装着されている
- ◎センサーからの情報とドライバーの意思を受け、ECUの制御でクルマは走る
- ◎エンジンの保護、排ガスの浄化のためにもセンサーとECUの役割は大きい

1-7 プラグのメンテナンスと交換

スパークプラグが点火することによって、エンジンの燃焼が行なわれます。そう考えると、燃焼室内にあって混合気を直接点火させるスパークプラグは非常に重要なパーツということになります。

スパークプラグは中心電極と接地電極の間に火花を飛ばします。この間のことをギャップといい、高温のために酸化して消耗することから、メンテナンスではギャップ調整が必要とされてきました（上図）。

■スパークプラグは無交換……というわけにはいかない

ただし、現在のスパークプラグは、中心電極がニッケル合金、白金、イリジウムなどとなり、摩耗が少なく、事実上ノーメンテナンスとなっています。それでも劣化はしてきますので、長くもって10万kmというところでしょう。ベストの状態にエンジンを保つには2万km程度での交換がお勧めです。

スパークプラグは、国際規格で標準化されており、どのエンジンでもサイズが合えば複数のスパークプラグメーカーのものが使用できますから、性能の良いものに交換することによって、エンジンの調子が良くなるということもありえます。

こうしたプラグ交換のときに気をつけたいのは、プラグには**熱価**があるということです。プラグの温度が下がりにくいものを**焼け型**（ホットタイプ）、プラグの温度が上がりにくいものを**冷え型**（コールドタイプ）などと呼称します。基本はメーカー指定の熱価のものを使用することになります（下図）。

■チューニングエンジンにはコールドタイプが基本的な考え方

エンジンになんらかのチューニングを加えたり、自動車レースのように高回転域でエンジンを使う必要がある場合には、プラグの温度が上がる傾向になるので、コールドタイプのものを使用すると、好調に走れる可能性があります。

逆に、町中をのんびりしか走らないのにこうしたプラグを使ってしまうと、エンジンの不調につながりやすくなります。

スパークプラグの熱価は「番手」などと呼ばれ、ノーマルの熱価は5番や6番が多くなっています。コールドタイプになると7番、8番などと番手が上がってきます（ヨーロッパ方式）。

いずれにしても町中で使用するクルマの場合、極端に番手を変えることはお勧めできません。たとえばふつうの使い方でコールドタイプにすると、不完全燃焼で電極周辺にカーボンが溜まるなどということにもなりかねないからです。

第7章 電装系・エンジンの電気系、チェックランプ系、灯火類

スパークプラグの構造

スパークプラグは規格が統一されているために、そのクルマに適したサイズならば、比較的手軽に交換できるチューニングパーツでもある。

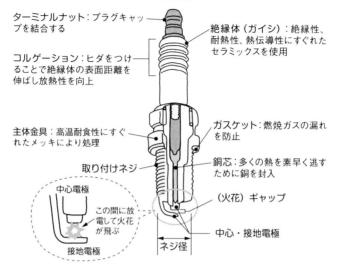

交換する際は熱価にも注意

ふつうに走るならば、純正と同じ熱価のプラグを選ぶべき。だが、チューニングしたエンジンならば冷却効率の高いコールドタイプのプラグを使うことにより、高回転でエンジンを使用しても耐熱性が強いものとなる。

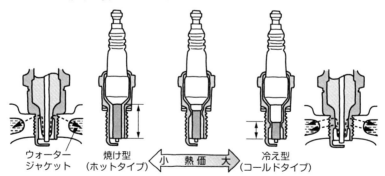

POINT
- ◎チェックポイントは電極のギャップだが、現在のプラグは消耗が少なくなった
- ◎ノーメンテナンスとはいえ、2万kmから10万km以内で交換するのがよい
- ◎プラグ交換は銘柄で選ぶとともに使用条件次第で熱価を選択することも必要

1-8 プラグコードのメンテナンスと交換

プラグコードは、イグニッションコイルとイグナイターで増幅された電気を、ディストリビューターを介してスパークプラグまで伝える役割があります。これも消耗品であるため注意が必要です。

プラグコードは、ハイテンションコード、高圧コードとも呼ばれます。ディストリビューターからスパークプラグをつなぐものを指すことが多いのですが、イグニッションコイルからの電気をディストリビューターにつなぐのもプラグコードで、これを特にセンターコードと呼びます（上図）。

地味なパーツではありますが、数万Vの高電圧や、エンジンルーム内の高熱にも耐えなければならないために、高品質が求められるパーツです（下図）。

■現在のプラグコードは耐久性が上がり、基本的にノーメンテナンスに

かつては定期的な交換が必要でしたが、シリコン製のコードなどが用いられるようになると寿命が延びて、あまり気をつかうことのないパーツとなりました。ただ、ここを交換するのもエンジンの簡単なチューニングとしては有効な手段です。

プラグとセットになって販売されている製品もあり、そういうものだと、強く安定した火花を飛ばせる可能性があります。電気の抵抗が少ないほうが効率的には良いので太いものがいいのですが、見た目だけではわからないのが難しいところ。皮膜だけが太いということもあるからです。交換するならば外見のカッコよさだけでなく、中身がどうなっているかにこだわるといいでしょう。

■いろいろなプラグコードを交換することで簡単なチューニングが試せる

プラグコードはボディにアースをとることによって電気抵抗を減らしているものもあります。こうしたものは性能の違いが体感できることもあり、特に古いクルマなどには効果が高い面があるようです。実用的にはノーマルでいいのですが、セットで数千円から高くても数万円というパーツなので、趣味として？　いろいろ試して楽しんでみるというのもいいかもしれません。

ただ、いろいろ試すとはいっても、基本的にノーマルのプラグコードは捨てずにとっておくほうがいいでしょう。というのは、なんらかの原因でエンジンの調子が悪くなったときに純正のプラグコードに戻して、原因を探るなどの必要性が出てくることがあるからです。

交換作業自体は慣れれば比較的簡単にできるので、DIYでやってみるのもいいでしょう。

プラグコード(ハイテンションコード)と点火系の関係

イグニッションコイル&イグナイターで数万Vまで高められた電気がハイテンションコードを伝わって、スパークプラグの点火に使われる。プラグコードは見かけではなく内部の導線の太さにこだわれば、良い火花が得られる。交換も難しくはなく、有効なチューニングの1つだ。

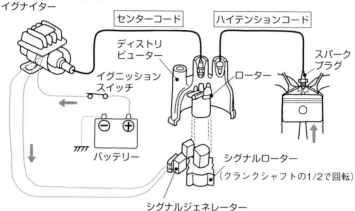

低い抵抗値と耐熱性が求められるプラグコード

ディストリビューターからの電気はプラグコード(ハイテンションコード)で各気筒に配電される。シリンダーヘッドの真上を通ることも多く、特に熱に強いことが求められる。現在はシリコン製でコードの耐熱性もアップした。抵抗を低くするために、チューニングパーツとしてボディにボディアースをとるものもある。

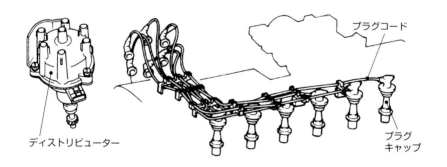

POINT
- ◎プラグコードはスパークプラグに必要な高圧電力を伝える要のパーツ
- ◎高性能なプラグコードを使用すれば、良い点火が得られる場合もある
- ◎プラグコードを交換しても、トラブルのために純正品は取っておくとよい

2. チェックランプ系

エンジンチェックランプの意味
クルマのインパネを見るといくつかのチェックランプ(警告灯：ウォーニングランプ)があります。まずいちばん気になるのがエンジンチェックランプでしょう。これが点灯する理由はいくつか考えられます。

エンジンチェックランプが点灯するのは、エンジンの制御系に異常がありECUがそれをドライバーに伝えているということです（上図）。一般的なのがO_2センサーの不良です。O_2センサーは、排気ガス中の酸素を検出してフィードバックし、ECUの指令によって、空燃比を適切なものにする働きがありますが、チェックランプはここが劣化していることを伝えているわけです。走行に支障がない場合もありますが、速やかに修理が必要です（中図）。

■**エンジンチェックランプが点灯する理由は複数ある**

スピードメーターやタコメーターが不良の場合にもエンジンチェックランプが点灯します。これはメーターが動かなくなることで気づく場合が多く、走行上の支障はないともいえますが、スピードがわからないというのは安全運転上問題がありますし車検にも通りません。これはメーターの交換などが必要となります（下図）。

エアフローメーターの不良という場合もあります（16頁参照）。センサー部の汚れなどでも不良と判断されるわけです。ここは燃料噴射をつかさどるセンサーでもあるので、エンジンの不調にもつながりやすいところです。これはエアフローメーターの洗浄や交換で直ることもあります。

■**原因を正確に判断するにはスキャンツールが必要な場合も**

その他、水温センサーの不良や、カム角、クランク角センサーの異常など、センサーがエンジンの異常を感知したときにエンジンチェックランプが点灯すると考えられます。

このように、エンジンチェックランプが点灯する理由はさまざまで、正確にクルマの状態を判断するには**スキャンツール**という専門機器を使用する必要もでてくるので、まずはプロに任せたほうがいいでしょう。

1ついえるのは、走行中にチェックランプが点いたからといって、焦る必要はない場合が多いということです。中にはオーバーヒートの結果エンジンチェックランプが点いてしまうというエンジンにとって深刻な事態にならないとも限らないケースもありますが、この場合には**水温計**をチェックしていれば予兆はわかるはずです。

そういう意味でも、普段から計器類に目をやる習慣をつけたいものです。

第7章 電装系・エンジンの電気系、チェックランプ系、灯火類

○ エンジンチェックランプ

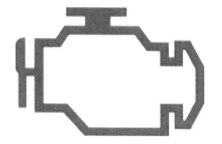

エンジンチェックランプが点灯する理由はさまざま考えられるが、焦ってすぐにクルマを止めなければならないという可能性は低い。ふつうに走行することができるならば、速やかにディーラーなどに持っていくこと。

○ O₂センサーの異常

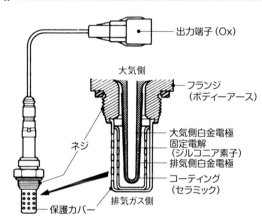

O₂センサーの不良は、エンジンチェックランプの点灯につながりやすい。酸素が多いと燃料噴射量を調整し、正しい空燃比になるようにフィードバックする。不良であってもドライバーが体感できる症状がない場合があるので、判断はプロに任せることになる。

○ 車速センサーを使った電気式メーター

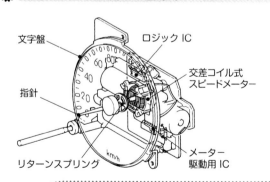

電気式のスピードメーターは、各種の電子制御が進んで装着されるようになった。車速センサーからの信号によって車速を表示しているために、センサーの不良でエンジンチェックランプが点灯することもある。

POINT
- ◎エンジンチェックランプは、エンジンの制御系の異常を伝えるもの
- ◎よくあるのがO₂センサーのトラブルで、不調が体感できないこともある
- ◎エアフローメーターや車速センサーなど、センサー系のトラブルが多い

オイルチェックランプの意味

ジョウロのような形をしているのがオイルチェックランプです。自分でオイル交換をしない方はあまり気にしないかもしれませんが、オイルはエンジンの血液。点灯すると大きなトラブルの可能性もあります。

オイルチェックランプが点灯した場合、まずエンジンオイルの量が減っていることが考えられます。エンジンオイルは、通常の状態では極端に減るということはありません。減る原因としてもっとも多いのは、オイルの漏れでしょう。

■まずはオイルが漏れていないかをチェックする

構造的には、エンジンオイルはオイルパンからオイルポンプで吸い上げられ、エンジン内を循環して、またオイルパンに戻ってくる経路をたどります。そこにオイルの出口というものはありません（中図）。

オイルが漏れる場合には、**オイルパン**に付いている**ドレンボルト**のパッキンの不良や（32頁、34頁参照）、エンジンブロックとオイルパンの間に挟まれた**ガスケット**の劣化などが考えられます（34頁参照）。

このようにしてオイルが漏れると、エンジンにダメージを与えるだけでなく、路面にオイルを垂らして走ることになりますから、他車の迷惑にもなるので速やかに修理が必要となります。

オイルの出口がないと書きましたが、エンジンオイルは自然に減っていく場合もあります。たとえばエンジン内部の潤滑、冷却などの役割を持っていますが、**ピストンリング（オイルリング）**が燃焼室でかき落とせなかった分のオイルは、エンジンの燃焼行程で燃えてしまいます（下図）。

■オイル上がり、オイル下がりなどエンジン内部にトラブルがあることも

これが正常な範囲だったらよいのですが、たとえばピストンリングの不良で大量のオイルが燃焼室で燃える「**オイル上がり**」という現象や、シリンダーヘッド側からバルブシートを伝ってオイルが燃焼室に入って燃える「**オイル下がり**」などという現象が起きると、減りが異常に早いということになりがちです。

また、オイル量が正常なのにオイルチェックランプが点灯するということは、**オイルポンプ**の異常が考えられますので、早急な修理が必要になります。

オイルポンプの異常は気をつけていてもなかなかわかりませんが、オイルの減りは走行前点検として定期的にオイル量をチェックすればわかることです。やはり定期的なオイルチェックがオイル関係のトラブルを未然に防ぐことにつながります。

第7章 電装系・エンジンの電気系、チェックランプ系、灯火類

🔧 オイルチェックランプ

オイルチェックランプは、油圧の不足を示す。原因としては、オイル量が足りない場合やオイルポンプの不良が考えられる。

🔧 オイルの漏れやオイルポンプに注意

オイルはエンジンの血液のようなもので、エンジンの作動には必要不可欠。オイル漏れはオイルパンのドレンボルト付近やオイルパンとエンジンブロックの間のガスケットの劣化などから起きる。オイルポンプが原因の場合は、オイルが足りていてもチェックランプが点く。

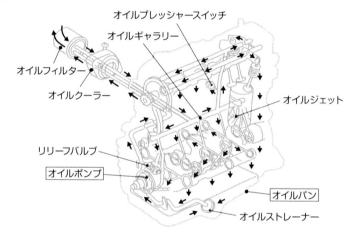

🔧 ピストンリング（オイルリング）の不良はオイル上がりの原因

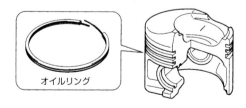

ピストンリング（オイルリング）は燃焼室のエンジンオイルをかき落とす役割を持つが、これが不良だと燃焼室内にオイルが残り、燃焼過程でオイルも一緒に燃えてしまう。マフラーからの白煙などで気がつく場合もある。

POINT
◎オイルチェックランプはオイルプレッシャーが下がったときに点灯する
◎エンジンオイルの不足が第1の原因。点灯したらまずレベルゲージでチェック
◎オイルポンプが原因の場合には、早急に修理工場などで修理する

排気温チェックランプの意味

マフラーから湯気が出ているようなマークをしているのが排気温チェックランプです。走行中に赤いランプが点灯するので、けっこうどきっとしたりしますが、そのままだと危険な状態も考えられます。

　排気温チェックランプは、なんらかの原因で**触媒**が正常温度以上に上がったときに点灯します（上図）。原因はいくつか考えられますが、1つには、エンジンのうちの1気筒の**スパークプラグ**が点火していない場合が考えられます。

　これは**燃焼室**で点火されなかったために、未燃焼のままの混合気が触媒まで行って、そこで熱せられて着火し触媒の温度が上がってしまうことが原因です。

▌点火時期が遅くなると燃焼も遅れて排気温度が上がる

　また点火系のトラブルで、点火時期が正常な状態よりも遅くなってしまう場合にも**排気温度**が上がることがあります。これは、最適な**点火タイミング**であれば、点火して燃焼が終わっているためにある程度燃焼温度が下がっているところが、タイミングが遅いために、その前に排気されてしまうことから起こります（中図）。こうなると、排気温だけでなく水温や油温も上昇させてしまうことになり、エンジンに悪影響を与えることが考えられます。

　また、吸気量に対して燃料が薄い状態になると排気温が上がる傾向となります。**アフターファイヤー**（燃焼室内で燃焼が終了せず、未燃焼ガスが排気管へ流出して爆発的に燃える）によって触媒内で燃焼し、触媒を傷める原因となります（下図）。特にターボエンジンをブーストアップした場合などに問題になります（60頁参照）。

▌排気温チェックランプが点灯したら、まず安全なところにクルマを止める

　走行中に排気温チェックランプが点灯した場合は、まず速度を落とし、それでも警告灯が消えないようだったら、エンジンをストップさせて冷却をさせます。その後、エンジンを始動してチェックランプが点灯しないようだったら、ふつうに走っても大丈夫ですが、できるだけディーラーや修理工場などでチェックしてもらうようにしましょう。

　原因としては、意外と排気温センサー自体だったりすることもありますが、安易に消えたから大丈夫と判断しないで、しっかりと整備をすることが必要です。

　なお、現代のクルマはこの排気温チェックランプの装着は義務付けられていません。スパークプラグが点火しないときに燃料供給を止める制御など、未然にトラブルを防ぐ装置を取り入れることによってそうなってきました。

第7章 電装系・エンジンの電気系、チェックランプ系、灯火類

🔧 排気温チェックランプ

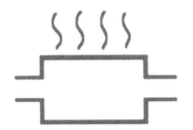

触媒がなんらかの理由で過熱して異常と判断されたときに点灯するのが排気温チェックランプ。現代のクルマでは装着は義務化されていない。

🔧 点火タイミングが遅いと排気温が上がる

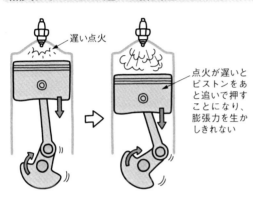

点火制御に異常があって、点火タイミングが遅れると、排気行程までに燃焼しきれずに、その熱がマフラーまで伝わってしまい、触媒が異常に熱を持つことがある。

🔧 アフターファイヤーで排気温が上がる

燃料が薄くて失火した場合などに、触媒コンバーターやマフラーなどの排気系で混合気が燃えるのがアフターファイヤー。これも排気温が上がる原因になる。

POINT
◎排気温チェックランプは、触媒が異常に過熱した場合に点灯する
◎原因としては、スパークプラグが1本以上点火しない場合がまず疑われる
◎点火タイミングの遅れや燃料が薄い場合など、原因は複数考えられる

ブレーキチェックランプの意味

クルマの安全性のカナメといえるのがブレーキシステムですが、ここに異常が起きている場合に点灯するのがブレーキチェックランプです。この場合にもいくつかの原因が考えられます。

ブレーキチェックランプが点灯するいちばんの原因は、ブレーキフルードが極端に減っているときです（上図）。ブレーキフルードはブレーキパッドの摩耗によっても液面が低下しますが、ブレーキパッドの交換が必要な状態でもフルードの（見かけ上の）減少によってチェックランプが点くことはまれです。

ブレーキフルードが極端に減る原因としては、ブレーキラインのどこかからフルードが漏れていることが考えられます。特に**ブレーキホース**のカシメ部分からの漏れなどが原因の場合が多いといえます（中図）。

▰ブレーキフルードが漏れるのはホースだけではない

また、ブレーキ系ではブレーキマスターシリンダーやレリーズシリンダーからのフルード漏れの可能性もあります。こうした場合、とりあえずチェックランプを消灯するだけなら、ブレーキフルードを**リザーブタンク**に継ぎ足せばいいのですが、根本的な解決にはならないので早急な修理が必要です（下図、124頁参照）。

ブレーキフルードは徐々に漏れることが多く、さっきまでは漏れていなかったのにいきなり漏れてブレーキフルードがなくなったなどということはまれですから、ブレーキチェックランプが点かないまでも、漏れているということはありえます。

▰リザーブタンクやホースなどは比較的チェックしやすい部分

たとえばタイヤを夏タイヤから冬タイヤに履き替えるときなど、タイヤを脱着する機会があるときに、ブレーキホース周辺をチェックしたり、普段からボンネットを開けたときにリザーブタンクのブレーキフルードの減り方などをチェックしておけば、ブレーキチェックランプが点灯する前に異常に気づくことも可能です。

吸気中につくった負圧でブレーキ踏力をサポートする**ブレーキブースター**（**マスターバック：倍力装置**、120頁参照）に不具合がある場合などにもチェックランプが点灯する場合があります。完全にブレーキブースターが劣化してしまうと、踏力だけでブレーキを効かせなければならなくなります。ふつうのつもりでブレーキを踏むと、思ったように減速しないこともあるので危険です。

ブレーキチェックランプは**パーキングブレーキ**の作動を知らせるランプと共用していることもあります。この場合は点灯して正常ですので、心配はありません。

第7章 電装系・エンジンの電気系、チェックランプ系、灯火類

ブレーキチェックランプ

ブレーキチェックランプが点灯するのは、ブレーキフルードが異常に減ったりブレーキブースターが不良の場合。パーキングブレーキの作動表示を兼ねている場合もある。

ブレーキホースのカシメからのフルード漏れ

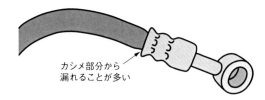

カシメ部分から漏れることが多い

ブレーキフルードが漏れる第1のポイントはブレーキホース。経年劣化でカシメの部分から漏れるのが一般的で、発見したらホースの交換が必要になる。

ブレーキマスターシリンダーやブレーキブースターの異常の可能性

ブレーキはフルード(液体)を媒介して作動しているので、どうしても漏れが起きる可能性がある。比較的多いのはマスターシリンダーからの漏れ。また、ブレーキブースターの不良でも点灯する。ブースターはエンジンのインレットマニホールドに通じていて、ピストンが下降する際に生じる吸気圧を利用して油圧を高め制動力を大きくしている。このため、ブレーキを軽く踏んだだけでも大きな制動力を得ることができる。

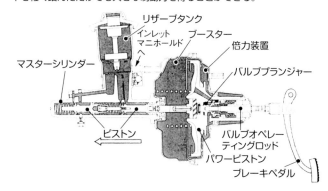

POINT
- ◎ブレーキチェックランプが点灯するのはブレーキフルードの漏れなどが原因
- ◎いちばんわかりやすいチェック法はリザーブタンクの液量を調べること
- ◎ブレーキブースターの不良は、ブレーキ踏力が足りなくなり危険

チャージランプの意味

バッテリーのような形をしたマークがチャージランプです。形からするとそのままバッテリーの不良のようにも見えますが、これはオルタネーターなど、充電系統の異常を表すものとなります。

チャージランプが点灯したときにまず疑うのは、**オルタネーター**の不良です。オルタネーターから十分な発電がされていないとき、このチェックランプが表示されます（上図、中図）。

バッテリー不良だと思って新品に交換してもこの症状は治りませんので、早合点しないように注意してください。

■オルタネーターの不良で十分な発電ができていない

このランプが点くと、バッテリー内の電気がある間はエンジンの点火系は動きますが、やがてエンジンが停止して動かなくなってしまいます。高速道路などを走行中に中途半端なところでクルマが止まってしまうと非常に危険ですので、まずは速やかに安全なところにクルマを移動しましょう。

ある程度の距離を走れるということは、うまくいけば目的地までたどり着けるということでもあります。この場合はエアコンなどの電装品を止めれば、走行距離が長くはなりますが、到着するしないはあくまでも運の問題ですので、安易に考えないほうがいいと思います。

クルマを移動した後はロードサービスや修理工場などに連絡して、適切な対策をとるようにしましょう。

オルタネーター本体にトラブルがないとしても、**Vリブドベルト**の緩みや切れによってもチャージランプが点灯します（下図）。これも発電しないという意味では前記と同じですので、安全を保つことが最優先になります。

■オルタネーターは突然壊れるがベルトはチェックできる

予防法ですが、オルタネーターの不良をあらかじめ予測するのは難しいといえます。もし古いクルマで不安があるなら、カーショップなどでオルタネーターの発電量を調べてもらうといいでしょう。少なくともオルタネーターのベルトは車検時などに点検しておくことが必要です。

ベルトの緩みについては指で押してみて明らかに張りが足りないことや、エンジン始動直後にキュルキュルというベルトの緩み音が発生するので、予見することは可能です。

第7章 電装系・エンジンの電気系、チェックランプ系、灯火類

✿ チャージランプ

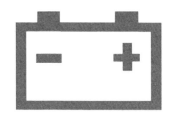

バッテリーのような形をしたチャージランプ。バッテリー警告灯などともいわれ、バッテリーの不良を知らせているようにもとれるが、充電系が故障しているときに点灯する。

✿ オルタネーターの不良

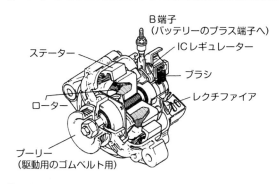

オルタネーターの不良は、経年劣化によりブラシの摩耗が進むことなどが原因。ICレギュレーターが壊れると充電不足だけでなく過充電という現象が起こることもある。

✿ Vリブドベルトの緩みや切れも原因

Vベルト(現在はVリブドベルトが主流)が緩むとオルタネーターのプーリーがしっかりと回転せずに発電が不十分になる。これもチャージランプ点灯の原因となる。ベルトの張りや亀裂は日ごろからチェックできる項目。

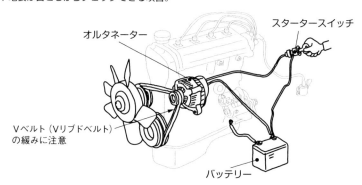

POINT
- ◎チャージランプはオルタネーターの発電不足で電力が足りていないことを示す
- ◎もっとも多い原因は経年劣化でブラシの摩耗などを起こすこと
- ◎Vリブドベルトの緩みや切れでもチャージランプが点灯する

3. 灯火類

3-1 ランプの変遷と特徴

ランプはかつては丸形や角型が主流でしたが、現在はデザインされた異形ランプやプロジェクターランプなども普及しています。バルブもハロゲン、ディスチャージを経てLEDも登場しました。

ヘッドランプは、かつてはシールドビームというランプ全体が電球のようなしくみになっているものが主流となっていました。これは内部にアルゴンガスが封入され、フィラメント、反射鏡、レンズを一体化したもので、内部が汚れないなどのメリットがありましたが、フィラメントが切れると全体を交換しなければならないのがデメリットでした。

■ハロゲンランプによって明るく長寿命化した

その後ハロゲンランプが実用化されました。これは電球の内部にハロゲンガスが封入されています。

フィラメントにはタングステンを使用しており、高温で蒸発してももう一度フィラメントにもどす働きがあり、一般の電球よりも寿命が長く、明るいという特徴があります。

これに電球だけを交換することのできる**セミシールド型**ヘッドランプを使うことによって、異形ヘッドランプが登場しデザイン性も増してきました（上図①）。

さらには**プロジェクターヘッドランプ**も多くなりました。これは、ロービームとハイビームの切り替えの際、凸レンズや反射鏡を内蔵して照射方向をコントロールできるものです（上図②）。

■ディスチャージ、LED、そしてレーザーへとヘッドランプは進化

ヘッドランプをより明るくという要望から生まれてきたのが**ディスチャージヘッドランプ**です。**HID**（High Intensity Discharge lamp）とも呼ばれます。これはフィラメントではなく、発光管の中に封入したキセノンガス、水銀、金属ヨウ化物に高電圧を加えることで、電子を衝突させたアーク発電で発光します。ハロゲンに比べて非常に明るい白色の光を放ちます（173頁下図参照）。

現在は**LED**（発光ダイオード）を使ったヘッドランプも出てきました（下図）。特徴は寿命の長さです。電流を光に変換する変換比率が90％と高いのも特徴で、少ない電流でも発光させることができます。

テールランプでは、**OLED**（有機発光ダイオード）を用いたものも現れています。これは薄型で軽量にできるメリットがあります。

第7章 電装系・エンジンの電気系、チェックランプ系、灯火類

🔧 セミシールド型ヘッドランプとプロジェクターヘッドランプ

レンズ、反射鏡、電球の3つが一体となって、ランプそのものが電球のようなものだったシールドビームに代わり、レンズ、反射鏡部分を電球と分離したセミシールドは、電球が交換できることで利便性が上がった。それにより異形ヘッドランプを採用するなどデザインの自由度も広がった。一方、ロービーム、ハイビームの切り替えのときに、レンズや反射鏡で照射方向を制御できるのがプロジェクターヘッドランプ。上方へ光が漏れないようにする配光の調整が確実になった。

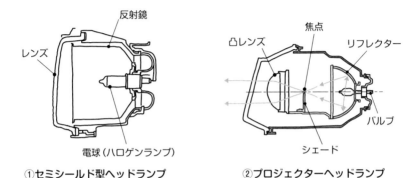

①セミシールド型ヘッドランプ　　②プロジェクターヘッドランプ

🔧 LEDヘッドランプの構造

LEDランプは長い寿命と効率の良さが特徴で、少量の電流でも発光させることが可能。ただしヘッドランプに使用する場合には発熱や配光の問題もあり、必ずしもハロゲンよりも明るいとはいえない面もある。

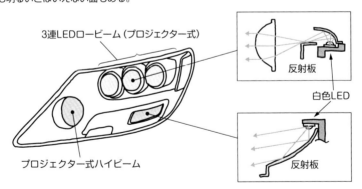

◎現在はハロゲンランプのほか、明るいディスチャージランプがある
◎プロジェクターランプは小型化でき、光の漏れが少なくくっきりした明かり
◎LEDは寿命は長いが、製品自体がまだ高価。これからの普及が期待される

3-2 ヘッドランプのチェック、バルブ切れの対策

クルマのヘッドランプはもちろん、スモールランプ、ウインカー、フォグランプなどの装着されているものは、すべて点灯しなければいけません。そのためにはチェックが必要です。

灯火類で点灯するものは、すべて点かなければいけないというのが保安基準上の決まりです。**ヘッドランプ**なら、**ロービーム**、**ハイビーム**、**スモールランプ**、**ウインカー**はもちろん、**フォグランプ**を装着しているクルマなら、それも点灯しないと車検には通らないことになります（上図）。

リヤでは**ブレーキランプ**（ハイマウントストップランプを含む）、**テールランプ**、**ウインカー**、**ナンバー灯**、**バックランプ**などになります（下図）。

■スモールランプ、ナンバー灯は切れていても気がつきにくい

うっかりバルブ切れということがないとはいえません。特にスモールランプなどは、気がつかないことが多いでしょう。また、ナンバー灯などもつかなくても気づかないことが多いかもしれません。

一方、ウインカーの場合、どこかのバルブが切れていると電流の抵抗が少なくなるためウインカーのカチカチ音が早くなるので、走行していて気づくことができます。この状態を**ハイフラッシャー**と呼びます。

■たまには友人とランプ周りのチェックを！

ランプのチェックは、自分1人でするのは難しいものです。もしクルマを持っている友人がいたら、お互いのクルマの灯火類をチェックするといいでしょう。まずフロント側からロービーム、ハイビーム、スモール、左右ウインカー、装着しているならフォグランプのチェックをします。その後、リヤに回って、ブレーキ、テール、左右ウインカー、ナンバー灯、バックランプのチェックをします。

これは「奥の手」のようなものですが、もし車検時などにランプが点灯しない場合には、ランプ周辺を叩いてやると点く場合があります。ただし、ウインカーなどはあまりバンバン叩くと、レンズ自体にひびが入ってしまう場合もあるので、加減が大事です。いずれにしろ、速やかな交換は必要です。

バルブ切れは、交換すればいいだけですから、できればスペアのバルブを用意しておくといいでしょう。ただ、今のクルマは結構複雑にできており、ユニットごと外さないと交換できないものもありますから、プロに任せたほうがいい場合もあります。

第7章 電装系・エンジンの電気系、チェックランプ系、灯火類

フロントランプ周りのチェック

フロントランプはロービーム、ハイビーム、スモールランプ、ウインカーランプがチェックポイント。フォグランプを装着している場合には、それも点灯しなければならない。

リヤランプ周りのチェック

リヤランプはブレーキランプ、テールランプ、ウインカーランプ、ナンバー灯、バックランプがチェックポイント。ナンバー灯はうっかりしていると切れていることもある。

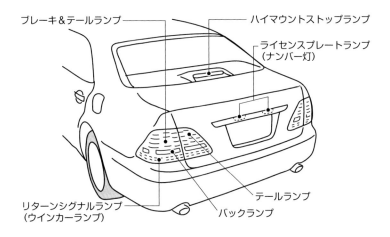

POINT
- ◎クルマに装備されているランプ類はすべて点灯しなければならない
- ◎ウインカーは切れていると、点灯とカチカチ音が速くなるので気づきやすい
- ◎スモールランプやナンバー灯は気づきにくいので特に注意が必要

3-3 灯火類のチューニング

ヘッドランプはノーマルより明るくできます。たとえば、暗いと思えばバルブをHID（ディスチャージヘッドランプ）に交換することも可能ですし、消費電力の少ないLEDに交換することも可能です。

　特に古いクルマなどは、ヘッドランプが暗いということが往々にしてあるものです。その際にはワット数の高いものを使用するという方法があります（上図）。ただ、それでも足りないという場合にはHID化という手段があります。

▰ HID化するにはバルブだけでなく、リレーの配線が必要

　交換する際には、まずバルブの形状（H1、H3、H4など）の確認が必要になります。同じならばもちろんバルブを交換できるわけですが、**HID（ディスチャージヘッドランプ）**の場合は、ハロゲンのようなフィラメントではなくアーク放電を利用した発光になるために、しくみが異なるという点が重要です。

　具体的には、リレーの配線や電流を安定して供給するための**ライトコントロールコンピューター（バラスト）**の装着と位置決めなどが必要になるために、バルブを交換しておしまいというわけにはいきません。そのためにはある程度の事前知識が必要になります（下図）。

　さらに装着した後も、光軸の調整などちょっとDIYで行なうには難しい作業があるので、基本的にはプロに依頼することになるでしょう。また、HIDは場合によっては対向車にとってまぶしく、迷惑になるということもあるので十分に配慮が必要です。

▰ LED化は比較的簡単だが、コストや性能面などでまだ発展途上

　交換という面ではハロゲンから**LED**へというほうが簡単です。基本はバルブを交換するだけですから、切れたバルブを交換する程度の知識でも行なうことができます。ただし、まだ高価なこととハロゲンよりも確実に明るくなるとも言い切れない面があり、これからの進化が望まれるところです。

　いずれにしても、ヘッドランプは車検時の重要検査項目で保安基準に則っていることが常に求められます。発光色は白か淡黄（平成18年以降につくられたクルマは白のみ）、左右で色が同じであること、色温度が3500〜6000 K（ケルビン）であること（これが高いと青がかって車検が通らなくなる）、左右対称に取り付けられていることなど、細かく規定が定められています。そういう意味でもDIYでやるよりはプロに任せたほうが安心できる部分だといえるでしょう。

第7章 電装系・エンジンの電気系、チェックランプ系、灯火類

✪ バルブの交換

エンジンルーム側からヘッドランプの裏側にアクセスできるタイプであれば、バルブの交換自体は難しくない。バルブ形状はH4が一般的でまんべんなく光を発光できる。2灯式や4灯式のロービーム用として使われる。

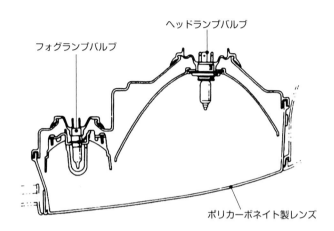

✪ HID（ディスチャージヘッドランプ）の構造

明るさだけを基準にするならば、HIDがいちばん明るい。ただし、アーク放電を利用することから発光方法が異なり、ライトコントロールコンピューター（バラスト）を設置する必要があるなど、ハロゲンから簡単に交換するというわけにはいかない。

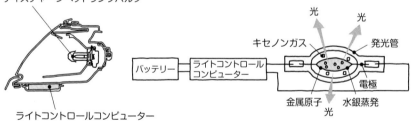

高電圧により水銀が蒸発してアーク放電し、その後金属原子などが放電、発光する

POINT
- ◎ヘッドランプが暗い場合にはランプをチューンナップすることができる
- ◎ハロゲンからHIDに交換する際の難易度はやや高い
- ◎ただ明るくするだけでなく、保安基準に合致していることが重要

COLUMN 7

オルタネーターのVベルトが
高速道路で切れた

　高速道路を走行中に、「バシッ」という音がエンジンルームからしたかと思うと、いきなりチャージランプが点灯したことがあります。原因はVベルトが切れたことでした。目的地まであと10数kmで、高速道路を降りればほどなくの地点です。

　さてどうしようかと思いましたが、それまで高速道路を巡行してきたためにバッテリーは十分充電されているはずです。昼間ですからライトも点灯していませんし、エアコンも使っていません。とりあえず高速道路で止まってしまうことはなさそうですし、路肩に止めるよりは一般道の安全なところに止めたほうがいいと思い走行を続けました。

　高速道路を降りて、一般道に入ってからのほうが冷や冷やしましたが、エンジンは最後まで停止することなく目的地までたどり着きました。これは、ベルトが切れてから目的地が近かったことや、昼間であり消費電力が少なかったなどの好条件であったためにできたことで、そうでなければできるだけ早く安全なところにクルマを止めて、救助を呼ぶという方法をとったと思います。

　じつは、そのときに乗っていたクルマは、修理に出した自分のクルマの代車でした。自分のクルマならある程度チェックできますが、代車では仕方がありません。

　持ち主であるカーショップに事の次第を連絡すると、「スペアのベルトが積んであるから自分で交換してよ」とすげなく言われました。これは親しい間柄だったからという面もあるのですが……。

　こういうことを考えると、スペアのベルトを1本積んでおくというのは、安全策としては有効だと思います。たとえ自分で交換できないとしても、たとえば高速道路のPAならばガソリンスタンドで交換してもらえる可能性もありますし、ロードサービスに運んでもらった先でも、ベルトがあれば交換して修理終了で乗って帰ることもできるでしょう。

第8章

空力系・空気抵抗と空力性能

Air resistance and
aerodynamic performance

1. 空気抵抗と燃費

1-1 クルマにとっての空力性能の重要性

空力パーツというと、スポイラーやウイングのようなものを想像するかもしれません。そういうものもたしかにありますが、そもそも空力パーツはなんのために使われるのか、その点が重要です。

クルマが走行するときには抵抗が発生します。代表的なものはタイヤの**転がり抵抗**や**路面抵抗**ですが、もう1つ**空気抵抗**を考えなければいけません。これはクルマが走る際に、ボディが空気の塊を切り裂くときに受ける抵抗です。「1/2×空気の密度×速度の2乗×CD値×前面投影面積」で表されます。

▌速度が上がると空気抵抗に対してエンジンパワーが消費される

ここで注目したいのは、空気抵抗が速度の2乗に比例していることです。つまり、速度が2倍で4倍、3倍で9倍になります。たとえば200km/hで走行する場合には、エンジンパワーの大半を空気抵抗に打ち勝つために使ってしまうといわれます。言い換えれば、空力性能が良い（CD値、前面投影面積が小さい）と、エンジンパワーを効率的に使えるということでもあります。

空気の密度とは、たとえば高地では空気が薄くなり低くなるということですが、乗用車では無視できる程度となります。**CD値**というのは、**空気抵抗係数**のことで、Coefficient of Dragの略です。具体的には前進しているクルマを引き戻そうとする力を表します。

クルマが空気の層を切り開いて前進すると空気は車体の周りを流れますが、車体の後部ではその流れが乱れ、空気の渦となります。ここには負圧が発生してボディを後ろに引っ張ろうとするわけです。

▌流線形にすれば空気抵抗は少なくなるが……

この値が小さいほど空気抵抗が少ないわけですが、ボディの形状に影響される部分が大きくなります。簡単にいうと、箱型ではなく流線形にすればいいわけです。いちばんCD値が少ないのは飛行機の翼の形ですが、これは人が乗るスペースの問題や揚力が大きくなるので妥協点が必要です（上図）。

前面投影面積とは、前から見たボディの面積で、これが小さいほど空気抵抗は少なくなります。車高の低いスポーツカーは小さくなる傾向になりますが、居住性を重視したサルーンカーやワンボックスカーでは大きくなるということです。

これを極端に小さくしたのがF1マシンのような純レーシングマシンですが、もちろん一般のユースには向きません（下図）。

第8章 空力系・空気抵抗と空力性能

⚙ CD値＝空気の乱流により後ろに引っ張られる力

走行中のクルマが空気の層を切り裂くと、空気はボディに沿って流れるが、クルマの後端では乱流が起き、そこに負圧が生まれることでクルマを後ろに引っ張ろうとする力が起きる。これが空気抵抗でCD値で表される。この値が小さいほど空気抵抗が少ない。

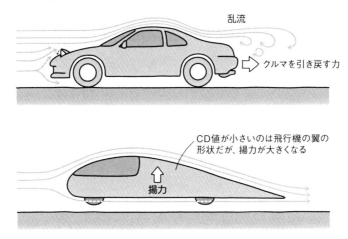

⚙ 前面投影面積

前面投影面積はフロントから見たクルマの面積のことを指し、空気抵抗となる。スポーツカーが車高が低く居住スペースも限られるのはこれを小さくするためでもある。

◎空気抵抗は「1/2×空気の密度×速度の2乗×CD値×前面投影面積」となる
◎CD値は空気の乱流によってできた負圧がクルマを後ろに引っ張る力
◎前面投影面積の大きさも空気抵抗の大きさに比例する

177

現代に求められる燃費のための空力性能

かつてのクルマのボディ形状は、デザイナーが見た目の美しさを重視してつくっていた面がありました。しかし、現在ではできる限り空気抵抗を削り取り、燃費性能をアップさせたクルマが登場しています。

現在の乗用車のボディ形状は風洞実験などを行ない、CD値をなるべく小さくすることで**空気抵抗**を減らし、燃費性能の向上に努めています。代表的なのがエンジンと電気モーターのハイブリッド車であるトヨタ・プリウスでしょう。

▎現代のクルマは燃費のための空力性能が求められる

現在4代目となる同車ですが、CD値を下げるためにさまざまな工夫が盛り込まれています。ルーフの頂点を前方に移動してリヤへとなだらかに流れるフォルム(トライアングルシルエットと呼称しています)をもたせることで、空気の流れをスムーズにして空気抵抗を減らし、CD値は0.24となっています(上図)。

またフロントピラー、ドアミラー、ルーフアンテナなどボディパーツ1つ1つも空力に気を配ったものとされています。

もう1つ空気抵抗に大きな影響を与える部分にボディ下部があります。ここは、エンジンやトランスミッション、サスペンション関連の部品や配管類などで、空力的に考えると余計なものが多い部分です。

一世代前のレーシングカーなどの考え方だと、**フロントスポイラー**や**サイドスカート**でボディ下部を塞いで空気を入れない方向でしたが、現在は、きれいに入れて速やかに出す方向となっています。

▎フロアもカバーすることで、より空気抵抗が減少する

ここでもプリウスは、エンジンアンダーカバーとフロアアンダーカバーの範囲を拡大し、カバーも滑らかにすることでフロアの整流効果を高めました。流入した空気がタイヤやサスペンションに当りにくくするために、タイヤ前のスパッツやフューエルタンクサイドアンダーカバーの設置でリヤサスペンション付近で発生する空気抵抗を抑制するなどの工夫がされています(下図)。

もちろん他メーカーも同等の努力をしており、現代のクルマの高燃費の裏には、エンジン技術の進歩だけでなく、ボディ形状を徹底的に研究して、空気抵抗を削減する努力があるといえます。

ただ、空力に配慮すると、どれもある程度は似通ったデザインになってしまい、それがクルマの面白みを奪ってしまっている面は否めないと思います。

第8章 空力系・空気抵抗と空力性能

4代目プリウスの空力デザイン

4代目プリウスでは従来型よりもルーフの頂点を前方に移して、より空気の流れをスムーズにしている。これによってボディ後端での乱流が抑えられ、CD値は0.24というすぐれたものとなっている。

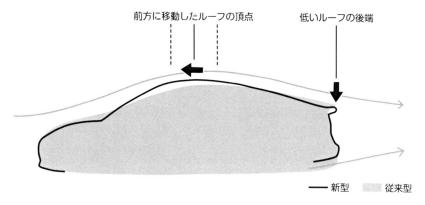

前方に移動したルーフの頂点　　低いルーフの後端

—— 新型　　　　従来型

整流したフロアの構造

パーツがむき出しになる部分が多く、非常に空気の流れが悪いのがクルマのフロア部分。4代目プリウスではここもエンジンアンダーカバーやフロアアンダーカバーなどを用いることで整流し、空力性能を上げている。

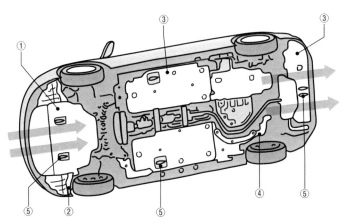

①エンジンアンダーカバー
②タイヤ前スパッツ
③フロアアンダーカバー
④フューエルタンクサイドアンダーカバー
⑤エアロスタビライジングフィン

POINT
◎燃費を重視したクルマは、エンジンだけでなく空力も追求している
◎代表的な車種はプリウスで、CD値は0.24と非常にすぐれている
◎空力性能を突き詰めると、ボディ形状のオリジナリティが失われる傾向となる

2. 空力パーツによるチューニング

走行性向上のための空力系のチューニング

厄介者と思える空気抵抗ですが、レーシングカーなどでは空力パーツによってダウンフォースを得るために積極的に使っています。これはある原理に基づいています。

レーシングカーには**ウイング**というパーツが装着されます。これは飛行機の翼をさかさまにした形状をしています。これで**ダウンフォース**（クルマを地面に押しつける力）を得るわけです。

■クルマのウイングは飛行機と上下逆向き

その理屈ですが「ベルヌーイの定理」に基づいています。空気の流れは翼で2つに切り開かれます。クルマのウイングの場合は上面が平らで下面にカーブがつけられています。そうすると同じスピードで長い距離を通る空気（下側）のスピードのほうが上側のスピードよりも速くなります。

ウイングの上下で遅いスピードと速いスピードになるわけですが、速いスピードの下面は速度が速い分、圧力が低くなり、クルマが下に押しつけられるという理屈です。F1などの純レーシングカーは前後に装着して大きなダウンフォースを得るようにしています（上図）。

また、リヤに**スポイラー**という後端があがったようなパーツを付けることがあります。これは、空気の流れを上に跳ね上げるようにして、ダウンフォースを得ようというパーツです（中図右）。

■フロントはエアを防ぐ方向から、スムーズに流す方向に変わってきた

乗用車ベースのレーシングカーの場合、フロントに**エアダムスポイラー**（スカート）というパーツを付けることがあります（中図左）。これは、もともと空力的によくないクルマのフロアにフロントから空気が流れ込むのを防ぐパーツでした。

現在でもこのパーツはありますが、どちらかというとフロントから多くの空気を取り入れても、**エアブリーダー**を設けることによって、速やかに排出し、冷却性能のアップと合わせて空力性能のアップを図るケースが見られるようになりました。

また、リヤには**ディフューザー**というパーツを付けることもあります。これは狭いフロアを流れてきたエアに対してリヤディフューザー部は広がっているため、空気が強制的に引っぱり出されることで、フロア部の圧力が下がることを利用してダウンフォースを得ようというパーツです。スポーティな車種では市販車にこのパーツが付けられることもあります（下図）。

第8章 空力系・空気抵抗と空力性能

クルマのウイングの形状

上面の空気のスピードよりも下面のスピードが速くなるために圧力が低下して下向きの力が生まれる。右の可変ウイングは後端を立てることによって、空気の流れを変えてダウンフォースを高められるが空気抵抗は増える。

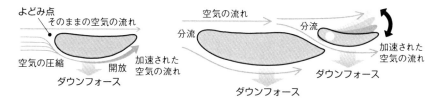

空力パーツの装着例

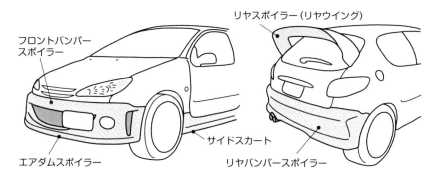

ダウンフォースの確保

現代のスポーツカーではダウンフォースを得るために多くの努力をしている。リヤウイングだけでなく、フロント下部をウイング形状とすること、さらにリヤにディフューザーを装着することでダウンフォースを得て、コーナリングスピードを向上させている。

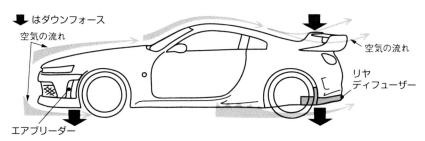

POINT
- ◎クルマのウイングは飛行機の翼の逆の力でダウンフォースを得る
- ◎フロントはフロアの空気流入を防ぐことから、積極的に利用する方向になった
- ◎ディフューザーはフロアの空気の流れを有効利用してダウンフォースを得る

COLUMN 8

ダウンフォースを得るための
ウイングカーの話

　レーシングカーにウイングは付き物？　ですが、F1でも1960年代までは装着されていませんでした。ただ葉巻型のボディの後ろにエンジンが搭載され、タイヤが4つ付いているだけのシンプルなものです。

　F1では1968年のベルギーGPにフェラーリがウイングを装着しました。これはロールバーの後ろに装着された小さなもので、効果は明確ではありませんでしたが、これが機になったことは事実です。

　前後にウイングが装着されると効果がはっきりしてきて、F1にウイングブームとも呼べる時代が来ました。特に1969年のスペインGPではロータス49が前後の高い位置に大型のウイングを装着して登場しました。ウイングが高いほうが、ボディやタイヤなどの乱流による影響を受けにくいということでこうしたわけですが、このレースで支柱が折れるなどのトラブルによる事故が発生し、一時ウイングが禁止されます。

　その後レギュレーションが改訂されて制限が加えられつつも、より効果的な形状が工夫されていきます。1977年には、いわゆる「ウイングカー」と呼ばれるマシンが登場しました。ボディサイド（サイドポンツーン）にダウンフォースを生じさせる機構が装着されたロータス78が活躍したのです。

　この機構はボディサイドをウイングの形状にし、空気を密閉するようなパネルを付け、路面との間も埋めるためにブラシが装着されています。これはかなりの効果を上げました。翌1978年のロータス79ではブラシでは不完全だった密閉性を可動式のスカートとし、ワールドタイトルをものにします。

　ただし、コーナリングスピードが上がること、スカートが路面に密着しているためには、スプリングを硬くしてクルマの動きを抑えなければいけないことなどからドライバーの負担は大きくなっていきました。さらにやっかいだったのは、スピンをして逆向きになると、逆に舞い上がってしまう場合もあり、これが死亡事故などの原因となるとともに、ウイングカーは禁止となりました。

おわりに

　「オイルと水くらい自分で見たらどうだ」と18歳で免許を取って、オンボロの中古車を手に入れたときに父に言われてやったのが最初のメンテナンス体験でした。実家が自動車板金業を営んでいたために、場所と工具に不自由しなかったのはラッキーだったのかもしれません。以来、ほぼ自分のクルマのエンジンオイル交換はDIYで行なってきました。
　クルマ好きが高じてモータースポーツに参加するようになると、シート、ステアリング、スプリングやショックアブソーバーの交換、ブレーキパッドの交換、ミッションオイル、デフオイルの交換などもするようになりました。ミッションを一日がかりで下してクラッチ交換をして、また一日がかりで取り付けたときには、お金の節約ということ以上に、満足感を得たことを思い出します。ただ、ここまでくるとプロに任せたほうがいいかな？　という感想を持ったのもまた事実です。

◎クルマは知れば知るほど面白くなる!
　20代の頃は、その構造や交換する理由もよくわからずやっていたのが、クルマ雑誌の編集に関わり、モータースポーツに参加を続けていくうちに、「どうしてそうするのか？」を必要に迫られて学んでいったように思います。そして知れば知るほどクルマそのものが面白くなっていきました。
　もちろんまだまだ学ばなければならないことは多いですが、私のレベルが高すぎない分、初心者やもう少し上のレベルに達した読者の方の役に立つのではないか？　という思いで本書を書きました。
　クルマは便利であると同時にとても楽しい乗り物でもあります。読者のみなさんのカーライフの向上に少しでも役立てば、著者としてこの上ない喜びです。

飯嶋　洋治

索 引 (五十音順)

あ 行

- アイドリング……………………54
- アイドリングストップ機能………54
- アクセルペダル…………………16
- アクチュエーター………………60
- アッパーアーム………96,98,100
- アフターアイドル………………58
- アフターファイヤー…………162
- アルミホイール………………130
- イグニッションコイル…………156
- 異常燃焼……………………12,56
- 陰極板………………………142
- インセット…………………130
- インチアップ………………134
- インディペンデント式サスペンション
  ………………………96,102
- ウインカー…………………170
- ウイング……………………180
- ウェイストゲートバルブ………61
- ウォータージャケット…………30
- ウォーターポンプ………46,58,148
- エアクリーナー………………18
- エアスプリング……………108
- エアダムスポイラー…………180
- エアチャンバー……………108
- エア抜き……………………42,94
- エアブリーダー……………180
- エアフローメーター……16,152,158
- エキゾーストマニホールド………22
- エクストラロード(XL)………134
- エレクトロニック・コントロール・ユニット
  ト…………18,60,92,150,152
- エンジンアンダーカバー………178
- エンジンオイル…28,30,32,36,38,40,52,58,160
- エンジンチェックランプ………158

- エンジンブレーキ……………126
- エンジンブロック………………38
- オイル上がり………………160
- オイル交換………………34,36
- オイル下がり………………160
- オイルチェックランプ………160
- オイルパン…………30,34,38,160
- オイルフィラーキャップ………32
- オイルフィルター………………32
- オイルポンプ………………58,160
- オイル漏れ……………………34
- オイルリング………………160
- オイルレベルゲージ…………30,32
- オートマチックトランスミッション……70
- オートマチックトランスミッション用フル
  ード……………………………94
- オーバークール………………40
- オーバーヒート………40,46,48
- オゾンクラック………………138
- オリフィス……………………112
- オルタネーター………142,148,166

か 行

- カーカス……………………128,138
- カーボン……………………16,24
- 回転差感応式LSD……………84
- カウンターウェイト……………30
- 過給圧………………………56,60
- 各部センサー………………152
- ガスケット……………30,34,40,160
- ガソリン消費量………………36
- カムシャフト…………………28
- 緩衝……………………………28
- 機械式過給圧コントローラー……60
- 気化器………………………152
- キノコ型エアクリーナー………18

気密	28
ギャップ	154
ギャップ調整	154
キャブレター	152
キャンバー	98
キャンバー変化	102
吸入空気量	152
強化クラッチ	68
強化ブッシュ	116
空気抵抗	176,178
空気抵抗係数	176
空力パーツ	180
クラッチ	64
クラッチカバー	64,66,68
クラッチ滑り	64
クラッチディスク	64,66,68
クラッチフルード	66
クラッチプレート	84,86
クラッチペダル	66
クラッチマスターシリンダー	64,66
クランクシャフト	28,30,148
クリアランス	39
クロスレシオ化	80
クロスレシオトランスミッション	78,80
ケーブル式スロットル	17
減衰作用	108,112
減衰力	114,132
コイルスプリング	104,106
コーナリング	110
コールドタイプ	154
転がり抵抗	176
コンパウンド	128
コンプレッサー	56
コンロッド	28

さ 行

サーモスタット	40,48
サイドウォール部	128
サイドギヤ	82
サイドスカート	178
サイプ	128
サスペンション	132
差動制限装置	84
サンギヤ	72
三元触媒	20
シーケンシャル方式	80
シーリング	28
シール作用	38
シールドビーム	168
自然吸気エンジン	56
湿式多板式LSD	84,86
シフトチェンジ	78
車軸懸架式サスペンヨン	96,102,108
潤滑	28
常時噛み合い式	78
触媒	162
ショックアブソーバー	96,100,112,114,132
ショルダー部	128,136
シリーズ・パラレル方式	52
シリーズ方式	52
シリンダーブロック	34
シリンダーヘッド	34,40
進角	152
シングルプレートクラッチ	68
シンクロメッシュ	68,78,80
水温計	158
スイングアクスル式	102
据え切り	94
スキャンツール	158
スタッドレスタイヤ	128
スチールベルト	128
スチールホイール	130
ステアリング機構	90
ステーター	70
ストラット	96,100,104
ストラット式	96,100
スパークプラグ	154,156,162
スピードメーター	158
スプリング	96,100,106,114,132
スプリングオフセット	100

スプリングレート	106
スポイラー	180
スポーツエアクリーナー	18
スポーツ触媒	20
スポーツマフラー	20
スモールランプ	170
スリーブ	78
スリットローター	122
スリップサイン	136
スロットルバイワイヤー	16
スロットルバルブ	16,151
スロットルポジションセンサー	152
セカンダリープーリー	74
セパレーター	142
セミシールド型ヘッドランプ	168
セミトレーリングアーム式	102
線形特性	106
センターコード	156
前面投影面積	176
走行距離	36

た 行

タービン	56,58,60
タービンランナー	70
ターボエンジン	56
耐熱温度	40
タイヤ空気圧	134
ダイヤフラムスプリング	64,66
タイヤローテーション	138
タイロッド	90
ダウンサイジングターボ	56
ダウンフォース	180
タコ足	20,22
ダブルウイッシュボーン式	96,98,100
暖気	150
鍛造	130
単筒式	112
チャージランプ	166
鋳造	130
ツインプレートクラッチ	68

ディスクブレーキ	120
ディスクローター	120,122,126,130
ディスチャージヘッドランプ	168,172
ディストリビューター	156
低粘度オイル	38
ディフューザー	180
テールランプ	170
デファレンシャルギヤ（デフ）	82
デフオイル	86
電解液	142,144
点火タイミング	162
電気式過給圧コントローラー	60
電気自動車	52
電子制御式インジェクション	150,152
電子制御式エアサスペンション	108
電子制御式スロットル	17
電動式パワーステアリング	92
等長エキゾーストマニホールド	22
筒内直噴エンジン	12
トーションバースプリング	108
トーションビーム式	104
トー変化	100,102
独立懸架式サスペション	96,102
ドッグクラッチ	80
ド・ディオンアクスル式	104
ドラムブレーキ	120
トランスミッションオイル	80,86
トリプルプレートクラッチ	68
ドリルドローター	122
トルク感応式LSD	84,86
トルクコンバーター	70,72,76
トルクバンド	78
トルクレンチ	32,34
トレーリングアーム式	102
トレッドパターン	128,136
トレッド部	128,136
トレッド変化	98
ドレンプラグ	42
ドレンボルト	32,34,160

な行

ナンバー灯	170
熱価	154
燃焼圧力	28
燃焼室	162
粘性	28
燃調（燃料調整）	16
粘度	38
燃費	150
燃料タンク	14
燃料噴射量	150
燃料ポンプ	14
ノッキング	12,56,60,152

は行

パーキングブレーキ	164
バイアスタイヤ	128
ハイオクガソリン	12
排気温チェックランプ	162
排気温度	162
排気ガス再循環	24
排気干渉	22
排気慣性効果	22
排気漏れ	20
ハイテンションコード	156
ハイドロプレーニング現象	136
ハイビーム	168,170
ハイフラッシャー	170
ハイブリッド	52,54
倍力装置	120,164
パスカルの原理	120
バックランプ	170
発光ダイオード	168
バッテリー	142,144,146
バッテリー上がり	142,146
バッテリー液	142
バッテリー形式	144
バッテリー交換	144
バネ下重量	132
バネ定数	106,108,110,114,132
ハブナックル	98
バラスト	172
パラレル方式	52
ハロゲンランプ	168
パワステオイル	94
パワステポンプ	148
ビード	128
冷え型	154
ビスカスカップリング式LSD	84
ピストン	28,112
ピストンリング	28,38,40,160
ピストンロッド	112
非線形特性	106,110
ピッチング	106,110,114
ピニオンギヤ	82,90
ピニオンシャフト	82
びびり振動	108
ファイナルギヤ	82
ブーストアップ	60,162
ブーストコントローラー	60
プーリー	148
フェーシング	64,68
フェード現象	126
フォグランプ	170
複筒式	112
ブッシュ	116
不等ピッチ	106
フューエルインジェクター	151,152
フライホイール	64,66
プライマリープーリー	74
プラグインハイブリッド	52
プラグコード	156
プラネタリーギヤ	72
プラネタリーキャリア	72
ブリーダープラグ	124
フリクションロス	38,56
フルトレーリングアーム式	102
フルブースト	58
ブレーキキャリパー	120,124

ブレーキシュー	120,126
ブレーキチェックランプ	164
ブレーキパッド	120,122,124,126
ブレーキブースター	120,164
ブレーキフルード	120,124,126,164
ブレーキホース	164
ブレーキマスターシリンダー	120,164
ブレーキランプ	170
ブレーキリザーブタンク	124
フロアアンダーカバー	178
ブローバイガス	16
プロジェクターヘッドランプ	168
フロントスポイラー	178
ペーパーロック	126
ヘッドランプ	168,170,172
ベルヌーイの定理	180
ベンチレーテッドディスク	122
偏平率	128,132
ホイール	130
ホイールシリンダー	120
ホーシング	104
ボールナット式	90
ホットタイプ	154
ポンプインペラー	70

ま 行

マクファーソンストラット式	100
摩擦板	64
マスターバック	120,164
マニュアルトランスミッション	64,70,78
マニュアルモード	76
マフラー	20
マルチホールインジェクター	12
マルチリンク式	98
密閉作用	38
メンテナンスフリーバッテリー	142

や 行

焼け型	154
油圧計	36

油圧式パワーステアリング	92
有機発光ダイオード	168
油温計	36
油膜	28
油膜切れ	38,40
陽極板	142

ら 行

ライトコントロールコンピューター	172
ラジアルタイヤ	128
ラジエター	40,42,44,46
ラジエターキャップ	44,48
ラジエターホース	44,46
ラックアンドピニオン式	90
ラックギヤ	90
リーフスプリング	104,108
リーフスプリング式リジッド	104
リザーブタンク	42,48,66,164
リジッド式サスペンション	96,102,108
リミテッドスリップデフ	84
リヤアクスル	104
リヤアクスルメンバー	102
流体クラッチ	70
理論空燃費	14,24
リングギヤ	72
リンク式リジッド	104
冷間	24
冷却	28
冷却水	42,44,46,48
レギュラーガソリン	12
レリーズシリンダー	66,164
連続可変トランスミッション	74
ローターシャフト	59
ロータリーバルブ式	92
ロードインデックス	134
ロービーム	168,170
ロール	106,110,114
ロックアップ機構	70
ロックトゥーロック	94
路面抵抗	176

ロワアーム	96,98,100	EVC	60
ロングライフクーラント	42	HID	168,172

わ行

ワンウェイクラッチ	71

数字・欧字

AT	70	JATMA	134
ATF	94	LED	168,172
ATフルード	70,76	LI	134
CD値	176,178	LLC	42,44,46,48
CVT	74	LSD	84,86
ECU	18,60,92,150,152,158	MFバッテリー	142
EGR	24	MT	64,70,78,80
ETRTOスタンダード	134	NAエンジン	56
EV	52	O_2センサー	158
		OLED	168
		TDCセンサー	152
		VVC	60
		Vベルト	46,148
		Vリブドベルト	46,148,166

189

参考文献

◎自動車用タイヤの知識と特性　馬庭孝司著　山海堂　1979年
◎自動車のメカはどうなっているか　シャシー/ボディ系　GP企画センター編　グランプリ出版　1992年
◎レーシングカーのエアロダイナミクス　熊野学著　グランプリ出版　1993年
◎自動車のメカはどうなっているか　エンジン系　GP企画センター編　グランプリ出版　1993年
◎エンジンはこうなっている　さわたり・しょうじ絵/GP企画センター編　グランプリ出版　1994年
◎サスペンションの仕組みと走行性能　熊野学著　グランプリ出版　1997年
◎クルマのメカ＆仕組み図鑑　細川武志著　グランプリ出版　2003年
◎クルマのメンテナンス　藤沢公男著　高橋書店　2003年
◎新クルマの改造○と×　広田民郎著　山海堂　2003年
◎自動車エンジン要素技術Ⅰ・Ⅱ　エンジンテクノロジー編集委員会編　山海堂　2005年
◎自動車のサスペンション　カヤバ工業株式会社編　山海堂　2005年
◎自動車メカ入門　エンジン編　GP企画センター編　グランプリ出版　2006年
◎クルマでわかる物理学　古川修著　オーム社　2007年
◎必勝ジムカーナセッティング　飯嶋洋治著　グランプリ出版　2007年
◎きちんと知りたい！自動車メカニズムの基礎知識　橋田卓也著　日刊工業新聞社　2013年
◎ハイブリッド車の技術とその仕組み　飯塚昭三著　グランプリ出版　2014年
◎モータースポーツのためのチューニング入門　飯嶋洋治著　グランプリ出版　2014年
◎いますぐ使える　車の故障・修理事例集　株式会社インターサポート著　三恵社　2015年
◎きちんと知りたい！自動車エンジンの基礎知識　飯嶋洋治著　日刊工業新聞社　2015年

---------------- 著者紹介 ----------------

飯嶋　洋治（いいじま　ようじ）

1965年東京生まれ。学生時代より参加型モータースポーツ誌『スピードマインド』の編集に携わる。同誌編集部員から編集長を経て、2000年よりフリーランス・ライターとして活動を開始。カーメンテナンス、チューニング、ドライビングテクニックの解説などを中心に自動車雑誌、ウェブサイトで執筆を行っている。RJC（日本自動車研究者ジャーナリスト会議）会員。

◎著書：『モータースポーツ入門』『ランサーエボリューションⅠ～Ⅹ』『モータリゼーションと自動車雑誌の研究』『モータースポーツのためのチューニング入門』（以上グランプリ出版）、『スバル サンバー』（三樹書房）、『きちんと知りたい！ 自動車エンジンの基礎知識』（日刊工業新聞社）ほか。

きちんと知りたい！
自動車メンテとチューニングの実用知識　　　　NDC 537.7

2016年10月18日　初版1刷発行　　（定価は、カバーに表示してあります）
2025年6月27日　初版11刷発行

　　　　　　　Ⓒ著　　者　　飯　嶋　洋　治
　　　　　　　　発行者　　井　水　治　博
　　　　　　　　発行所　　日刊工業新聞社
　　　　　　　　　東京都中央区日本橋小網町14-1
　　　　　　　　　　（郵便番号　103-8548）
　　　　　　電　話　書籍編集部　03-5644-7490
　　　　　　　　　　販売・管理部　03-5644-7403
　　　　　　　　　　ＦＡＸ　　　　03-5644-7400
　　　　　　振替口座　00190-2-186076
　　　　　　URL　　　https://pub.nikkan.co.jp/
　　　　　　e-mail　　info_shuppan＠nikkan.tech
　　　　　　印刷・製本　美研プリンティング（4）

落丁・乱丁本はお取り替えいたします。　　2016 Printed in Japan
ISBN978-4-526-07613-8　C3053
本書の無断複写は、著作権法上での例外を除き、禁じられています。